彩色铅笔绘图　趣味少儿科普

小小爱看的彩绘小百科

植物奇趣

王平辉　主编

重庆出版集团　重庆出版社

图书在版编目（ＣＩＰ）数据

植物奇趣 / 王平辉主编 . — 重庆 : 重庆出版社，2017.8（2018.6重印）
ISBN 978-7-229-12191-4

Ⅰ．①植… Ⅱ．①王… Ⅲ．①植物—少儿读物 Ⅳ.
① Q94-49

中国版本图书馆 CIP 数据核字 (2017) 第 077249 号

植物奇趣
ZHIWU QIQU
王平辉　主编

责任编辑：周北川
责任校对：朱彦谚
装帧设计：王平辉

重庆出版集团
重庆出版社 出版

重庆市南岸区南滨路 162 号　邮政编码：400061　http://www.cqph.com
重庆市国丰印务有限责任公司印刷
重庆出版集团图书发行有限公司发行
E-MAIL：fxchu@cqph.com　邮购电话：023-61520646
全国新华书店经销

开本：710mm×1000mm　1/16　印张：12　字数：90 千
2017 年 8 月第 1 版　2018 年 6 月第 2 次印刷
ISBN 978-7-229-12191-4
定价：26.80 元

如有印装质量问题，请向本集团图书发行有限公司调换：023-61520678

>>> 目 录 Mu Lu

生机勃勃的植物　01

可靠实用的植物　45

3

阳光正面的植物 97

反派阴暗的植物 149

1

生机勃勃的植物

sheng ji bo bo de zhi wu

植物也会喜欢和厌恶吗

在与同学交往的时候，你是不是一视同仁呢？针对不同性格的人，你是不是会采取不同的态度呢？大家都有自己喜欢的朋友，也都有自己不喜欢的朋友。那么，你们有没有想过植物之间也有这种"感情"呢？

假如把两种有感情的植物种在一起，就会出现两种有趣的现象。第一种可能是彼此喜欢，友好相处地生长；第二种则是彼此讨厌，像冤家对头一样，不仅互相纠缠，甚至还会大打出手，结果要么一方受害，要么两败俱伤。

假如有人把番茄和黄瓜种植在同一块地里，它们就会相互看不顺眼，彼此互相使"绊子"，折腾来折腾去，到最后除了减产，就没有更好的结局了。假如葡萄园里有甘蓝的存在，那么，葡萄的生长就会受到甘蓝的抑制；但是，如若我们想让葡萄长得又大又甜，则可以在葡萄园栽种紫罗兰。

玫瑰和木樨草也会彼此排斥，前者排挤后者，甚至使茂盛的木樨草在短时间内枯萎；而木樨草在枯萎前也会为自己报仇，放射出一种使前者中毒的化学物质。

与它们相比，玫瑰和百合则是合作无间的好榜样，如果让它们在一起生长，则会大大延长二者的花期，别小看这点时间，无论对于观赏，还是授粉，都有相当大的意义。

　　那么，植物之间的喜欢和厌恶是怎么回事呢？原来，很多植物在生长过程中，都有自己的特长，比如分泌的气体或汁液会对同类或者天敌造成伤害。当然，也有一些植物的分泌物会对同类的生长有好处，因此，我们在种植植物的时候一定要先了解它们的特性哦。

植物有脉搏吗

现在，先把左手心向上，然后用你的右手触摸左手腕，是不是感觉到了脉搏的跳动呢？很多人都知道人和动物有脉搏，却不知道植物也有类似的行为。

每当天气晴朗的时候，植物的脉搏就会开始跳动。所谓的植物脉搏，指的是树干的收缩和膨胀运动。

从旭日东升到夕阳西下，植物进行的是收缩运动，从晚上到太阳升起前，植物进行的是膨胀运动。收缩和膨胀相互交替，彼此循环。

但是，树干每天的收缩都会小于膨胀，所以，树木才能慢慢地长高、变粗。你看，收缩和膨胀是不是很像我们的脉搏呢？然而，一旦天气变坏，比如下雨的时候，树干脉搏就会出现病态，脉搏跳动因此出现短暂的停歇。等天气转晴后，树干的这种运动便会恢复。

这到底是怎么回事呢？原来，植物的脉搏与植物的水分运动紧密相连。

科学家曾专门研究过这一现象，他们发现，当植物根部在土壤中吸收的水分与树叶在空气中蒸腾的水分量相同时，树干的粗细并没有发生变化。

但是，当根部的吸水量大于蒸发量时，树干就会变粗，在根部缺水的时候，树干就会收缩。

　　这样一来，植物的脉搏运动就很好明白了：白天的时候，植物的气孔大部分都是打开的，水分的蒸腾比较快，而晚上的时候，则恰好相反。

植物也会紧张吗

有些人讲话的时候会紧张，有些人考试的时候会紧张，有些人见到陌生人的时候会紧张……总之，我们谁也没有觉得人类有紧张情绪很奇怪。大家都认同"人是有感情的"这一事实，如果告诉你，植物也有紧张情绪，你会不会相信呢？

在很多动画片里面，我们能看到各种各样神奇的事情发生，甚至植物会开口说话，也可以出去旅行或者上学。

其实，在现实中，一旦有什么危险出现，植物也是会做出反应的，比如把枝丫折回或者蜷缩等等。以前，大家都认为这只是偶然的现象，或者认为是本能的反应。

可是，人们慢慢感觉到也许事情并非像我们认为的那么简单。甚至有人大胆地提出了"植物也会紧张"的说法，那么，植物到底会不会紧张呢？

答案就要揭晓了：植物并不比人类的情绪少，它们也有紧张、担心的事情。

当它们遇到危险或灾难的时候，比如人类的砍伐、火山爆发、地震或者有天敌来袭击的时候，它们就会变得很紧张，甚至还会因为经常性的紧

张而出现生长系统的紊乱，如果严重的话，还会死亡呢。当然，经常紧张的情绪不仅对植物有害，对我们也是一样，所以，平时要多放松自己哦。

植物会说话吗

　　动画片里的很多植物不光能动能说话，还有各自的喜怒哀乐，那么，现实中的植物之间是怎么交流的呢？它们会不会在夜深人静的时候说悄悄话呢？

　　其实，植物确实有自己的沟通方式。比如在遇到危险的时候，会散发出同类能够"解读"的无声语言，用以提前预警。

　　大多数时候，植物依靠雨水或者露水等补充水分，但当水分不足以满足自身生长的时候，它们则会从根部发出有声的语言，也就是木质的震动。

　　当然，除此之外，植物还会发出其他的语言信号。

　　如果人类能够解读植物的语言，那么在育种、培植等方面将取得事半功倍的效果。我们相信，随着科技的进步，培育植物的方法也会越来越先进。说不定不久之后，人们仅仅通过植物的语言就可以对它们进行更加有效的管理。

植物会发烧吗

发烧是一件很痛苦的事情，它同时也预示着身体的免疫系统出现了问题。发烧对于人类，或者动物来说，都是很常见的事情，但你能想到吗？植物居然也会"发烧"。

跟我们出现相同发烧症状的植物，其实也是身体出现不适了。原来，植物的身体在受到外部的病毒侵袭后，很容易导致感染，此时，植物的身体就会像人类一样出现高烧不退的情况。

有人对感染了某种病毒的植物进行研究，发现在发烧之前，这种植物的叶子已经开始出现红红的小斑点了。

大多数的植物发烧的情况是相似的。一般而言，植物温度和周围空气中的温度相比，都会低 2～4℃左右。如果比周围的温度高得多，就表明这棵植物已经在发烧了。

那么，是什么原因导致植物发烧呢？

原来植物生病以后，正常供应的物质就会被积攒在一起，最后导致可以散发水量的大门关闭，于是，这棵生病植物的温度就会越来越高，直至出现发烧的症状。

以是否发烧为依据，我们可以及时地发现生病的植物，然后采取有效的治疗方法。

植物也会出汗吗

人热了会出汗，植物热了也会出汗。这个小常识，你知道吗？

很多人都有晨跑的习惯，特别是夏天的早晨，出一身汗后再泡一个热水澡，是一件非常舒服的事情。如果你留意一下的话，会发现很多植物的叶片上也出现了一颗颗小水珠。其实，这就是植物的汗水，和我们出汗是一样的。

植物出汗不仅和我们出汗一样正常，而且植物出汗的季节也和我们一样，大多数都发生在夏季。

很多人可能会问：怎样才能区分叶子上的水珠是汗水还是露水呢？这个也并不难。植物的根部通常深埋地下，为植物生长提供必要的水分；但是，

到了晚上，植物便无法蒸发水分了，水分就会超过植物本身所需要的量；最后，多余的水分就会从不能正常关闭的孔中流出。

植物的汗水里包含很多无机盐和其他物质，露水中则没有这些物质。所以，植物的汗水和我们所看到的露水是有区别的。

当然，不同的植物，出汗的分量也各有不同，有的植物在一个晚上可以从废旧的气孔中排出 100 多滴的汗水，有的植物却只能排出几滴汗水。

不过，不管它们排出的汗水有多少，植物以这种方式把自己多余的水分排出体外，对自身的成长没有一点不利影响。相反，也只有这样，植物才能正常地生长。

植物受伤后会向根部发求救信号吗

美国有一个名叫阿伦·拉斯顿的探险发烧友，他在穿越一个本该轻松通过的大峡谷时，被一块巨石卡住了右手。由于没有携带能与外界联系的通讯设备，所以，勇敢的阿伦决定自救。他用刀为自己的手臂做了截肢，最终让自己在这场灾难中生存了下来。有很多真实的故事都向我们表明了人类在受伤后会产生强烈的自救意识，那么，你知道植物受伤后也会自救吗？

其实，植物比我们想象的要聪明得多。人们通常认为，植物最容易受到有害真菌或细菌的攻击却毫无反应，但

　　我们已经发现植物其实有多种求救的方式。

　　植物大多会在受伤后采取向根部发出求救信号的方式进行自救。当植物感受到外界的危险信息之后，比如，遭遇细菌等，会在第一时间向根部发出"想要得到支援"的信号。植物的根部在得到求救信号后会立即分泌出一种可以抵挡细菌侵袭的物质。

　　植物不仅能向根部发出求救信号，还能向别的动物发出信号求救。有些植物在遭遇一些危险的时候——如被害虫啃咬——会向空气中散发一种气味，而这种气味可以把害虫的天敌引来，颇有一些"敌人的敌人就是朋友"的谋略。

植物有生物钟吗

日历和钟表能准确地标记时间，也无时无刻不在提醒我们：时间在流逝，我们应提早做出各种规划。那么，植物体内是否也存在着一种类似钟表的东西呢？很多人对这个问题非常感兴趣，并且试图在试验中找

到答案。

　　有一种植物的生活习惯是白天的时候张开叶子，夜幕降临时分则闭合叶子，这和人们白天工作、晚上睡觉的习惯一模一样。人们为了进一步了解这种植物是否有生物钟，就把它放进了一个感受不到白天和黑夜的地方，但是，它仍然会在"白天"把叶子张开，"晚上"把叶子闭合。由此，人们确定了在植物体内也存在生物钟这一事实。

　　那么，植物体内的生物钟是不是和我们现实中的时钟一样可以拨动和调整呢？这个问题的答案是肯定的。你可以把一株有明显生物钟规律的植物放在一个感受不到外界光线的盒子中，然后用光线颠倒现实中的白天和黑夜，植物就会慢慢适应拨动过的生物钟。如果你把它们从盒子中拿出来，让它们感受正常的日月更替，那么它们同样会在短时间内重新调整自己的生物钟。原来的节律会很快地恢复，生物钟又校正过来了。

　　当然，不同的植物有不同的生物钟，随着科学的发展，我们必将发现更多植物的小秘密。

植物也能做试管婴儿吗

你知道人类第一个成功的试管婴儿是在什么时候、什么地点出生的吗？答案是 1978 年 7 月 26 日英国奥德海姆医院。这一技术为很多没办法要宝宝的人们带去了福音。那么，你知道植物界也有试管婴儿吗？

尽管自然界中的植物数不胜数，但绝大多数都是依靠开花结果的方式

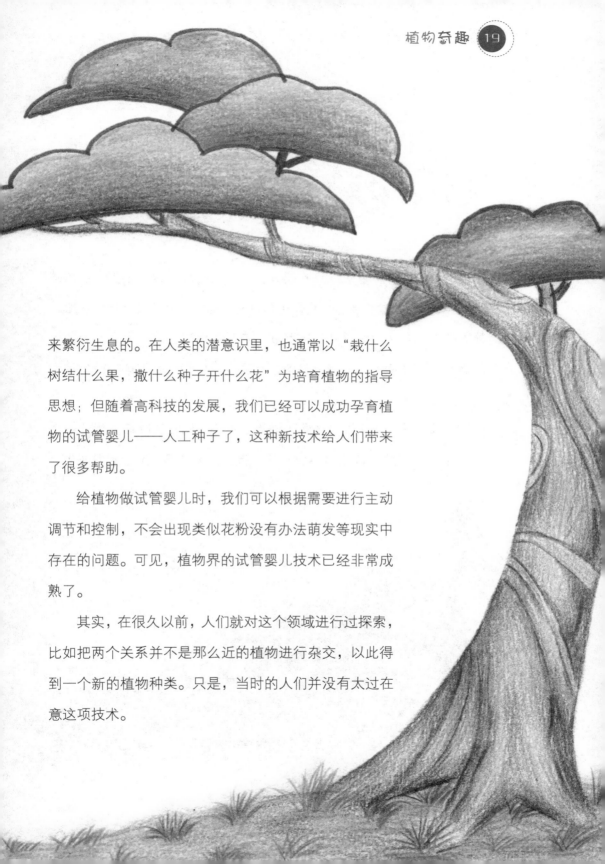

来繁衍生息的。在人类的潜意识里，也通常以"栽什么树结什么果，撒什么种子开什么花"为培育植物的指导思想；但随着高科技的发展，我们已经可以成功孕育植物的试管婴儿——人工种子了，这种新技术给人们带来了很多帮助。

给植物做试管婴儿时，我们可以根据需要进行主动调节和控制，不会出现类似花粉没有办法萌发等现实中存在的问题。可见，植物界的试管婴儿技术已经非常成熟了。

其实，在很久以前，人们就对这个领域进行过探索，比如把两个关系并不是那么近的植物进行杂交，以此得到一个新的植物种类。只是，当时的人们并没有太过在意这项技术。

植物会**调节**自身温度吗

春天，万物复苏；夏天，百花盛开；秋天，树叶飘落；冬天，白雪皑皑。大自然一年四季轮番更替，我们也总是能根据季节变化及时增减衣服，因为外界的温度变化也在不断影响着我们自身的温度变化。但是，有些植物却能够在任何环境下，保持自己的恒定温度。生物学家把这种植物称为温血植物。

很多人都说千叶莲是温血植物，因为当人们试图在千叶莲的生活中加入人类的行为时，比如给它蒙上头纱，千叶莲的温度并没有发生明显变化。

也就是说，它能够调节自身的温度。

那么，温血植物为什么可以自主调节自身的温度呢？对此，有人形象地提出了自己的看法：夜晚，昆虫为了能够减少低温对自己的伤害，可以大摇大摆地进入温血植物的"基地"，这样，等它们醒来的时候，身上的能量消耗可比在外面减少一半以上。所以，谁会让这么一个好地方空在那里呢？而且，温血植物还会为它们提供免费的花蜜当早餐，所以，它们也才甘愿为温血植物传粉。看来，温血植物之所以能够调节自身的温度，完全是为了在优胜劣汰的环境中活下去。就像有人说的那样："生存很残酷，方式却很精彩。"

植物也能欣赏音乐吗

"动物具有听觉，对音乐有所反应"这一事实我们很容易理解。令人想不到的是，就连大家认为没有视觉和听觉的植物也能够享受音乐。既然是享受，那么，一定要听优美的音乐，而且植物还会因此产生正面的力量，更加快速地生长。

在风景优美的西双版纳，那里生活着一种神奇的植物。如果在这种植物的旁边播放音乐，奇妙的情景就会出现：它竟然可以跟随不同的音乐节奏摇摆。不仅如此，它的树叶还会像一个灵动的少女一样转动，不管你在什么时候停止正在播放的音乐，它总能恰到好处地停止自己的舞蹈。很多人对这种植物非常感兴趣，慢慢地，人们发现，原来它和我们一样，也有自己喜欢的音乐类型。如果播放的是柔美轻灵的音乐，它的摇摆会显得非常卖力；但如果播放的是摇滚乐或者杂乱的声音，它便不会再让你欣赏其优美的舞姿。

除了跳舞，音乐对植物还有其他的功用呢。如果在番茄生长的时候，让它们听听优美的音乐，果实就会变得比平常大一些。

当然，除了西双版纳的舞蹈树和番茄，还有很多植物与音乐结下了不解之缘，或许，植物对音乐的期待远远超出了我们的预料。

植物能预报天气吗

天气预报可以提前预示天气的变化，以便人们能在第一时间调整自己的计划。其实，人类可以做到的事情，植物也做得到。

有一种花非常奇怪，当刮起狂风的时候，它便开始兴奋，整株花含苞欲放，显得特别娇艳。很多花在风雨过后，会被抽打得形容枯槁，但这种花却会在风雨来临的时候，绽放开来，无论经受多大的风雨，依然像美丽的少女一样亭亭玉立。只待风雨停歇，你会发现花儿的颜色更加鲜艳。很多人把这种花都叫作风雨花，每当人们看到它们含苞待放的时候，就知道天气快要变坏了。

其实，除了风雨花以外，如果我们细心观察，还可以发现很多能够预报天气的植物。比如梧桐树，如果它的叶子像老式的钟摆一样来回摇晃的话，就代表着一两天后，很可能会有雨水天气。就连我们在自己家院子里种的南瓜，都能帮助我们了解天气呢！早上起来，如果南瓜茎的前端朝上的话，就说明这两天会有雨水天气；而如果在阴雨不断的时候，它突然朝下，那就说明着这种坏天气将很快过去。

　　此外，还有很多植物也能预报天气，你不妨多多观察，说不定会有特殊收获呢。

鸡血藤和龙血树真的有"血液"吗

自然界中，生活着无数稀奇古怪、充满神奇色彩的植物，深深地吸引着人们不断去探索其中的奥秘。

树木受伤后，大多会流出一种无色透明的树液，比如橡胶树、牛奶树等。但是，你见过能够流出红色"血液"的植物吗？鸡血藤和龙血树便是其中的典型代表。

鸡血藤是一种非常漂亮的观赏植物，它的花是由好几种颜色组成的花序，微风吹来，不仅能够闻到浓郁的香气，花序更像美丽的七彩蝴蝶一样，在风中翩翩起舞。但如果有人不小心把鸡血藤的茎折断，马上就会看见鲜红色的液体从鸡血藤中流出，而鸡血藤名字的由来，正是因为它们的红色"血液"与鸡血相似。

传说中，龙血树是在巨龙和大象战斗时流出的血中孕育的，它和鸡血藤一样，都能在受伤后流出一种红色的液体，但龙血树的液体还是一种比较珍贵的药材。另外，龙血树不光"血液"有价值，就连它的树脂都能当作防腐剂使用。虽然龙血树对人类非常有益，但生长时间却长达几百年，对于不管多么长寿的人来说，这个时间都显得过于漫长了。

为什么说喷瓜最有力气

人们常说"好儿女志在四方"，其实不仅是我们，就连植物中，也有很多远行的种子和果实。这些植物的种子和果实远行的方式并不相同，有的先是被动物吃到肚子里，再排泄出来，它们一般很难消化，即便经过动物的消化道依然能生根发芽。也有很多植物是依靠自己的倒刺、钩爪等进行远行，比如苍耳子和蒺藜，它们会附着在我们的衣服或者动物的皮毛上

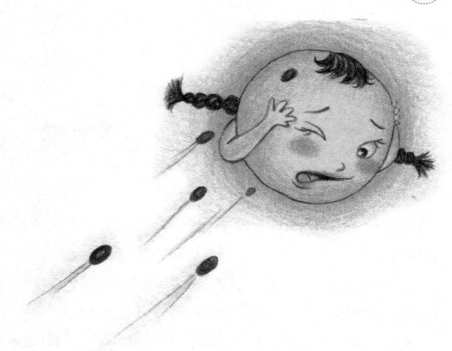

开始远行。在丰富多彩的种子旅行故事中，有一种植物的种子最特别，它们能自食其力去远行，堪称植物界中最有力气的"超级明星"——喷瓜。

那么，喷瓜的力气到底有多大呢？原来，喷瓜并不像西瓜一样有柔软的瓜瓤，它们的肚子里只有黏稠的汁液，喷瓜的种子正藏在汁液之中。

当汁液把瓜皮撑满的时候，只要有一点风，喷瓜的果实就会像炮弹一样爆炸开来。爆炸的冲击力很大，甚至可以将种子喷射到 5 米之外。虽然在我们看来，5 米并不远，可对于落地生根的植物来说，喷瓜的种子也算是感受了一下远行。据此，喷瓜还得到了另外一个好玩的名字——铁炮瓜。如果我们遇到这种植物，千万要离它远远的，更不能因为好奇而沾染喷瓜的黏液，这种黏液可是有毒的哦。

现在，你是不是承认喷瓜是大力气的植物了呢？

九死还魂草真的会行走吗

　　美洲有一种奇特的植物——九死还魂草。为什么说它奇特呢？是因为这种植物会走。那么，为什么九死还魂草会走呢？

　　大多数植物都离不开水分，九死还魂草也是如此。于是，当水分不足以满足它的需要时，九死还魂草便会从这片土地上抽身而退。

　　首先，它会让自己蜷缩成一个小球，只要有风吹过，这个小球便会开始它的寻水之旅。一旦感觉某片土地中的水分比较充足，它便会伸展自己的身躯，落地生根，暂时生长在这个地方。

但是，你千万不要以为这就是它最后的家了，当它在这个地方重新感受到水分不足的时候，便会再次寻找另一个短暂的居所。

正因为九死还魂草能像人一样主动选择落脚处，人们才把九死还魂草这种行为比喻为行走。当然，九死还魂草的行走是为了存活下去。

传说，有个人非常喜欢九死还魂草，便把一株完整的九死还魂草晒干，收藏了起来。很久之后，一个偶然的机会，九死还魂草掉落在后院的水池里，等到主人发现的时候，原本的干草竟然已经在水池中舒展了开来。

看来，"九死"之名，真是名不虚传呀！

为什么说红花吉利亚是植物中的变色龙

变色龙是一种能够根据不同环境来改变身体颜色的动物。变色既有利于隐藏自己，又有利于捕捉猎物，人们也经常用变色龙来形容一个人比较善变。但是，大家知道植物界中的变色龙吗？

有一种植物叫作红花吉利亚，它就是植物中的变色龙。

红花吉利亚与变色龙一样，可以根据环境的变化改变自己的花色。它在每年的夏秋之际开花，借助蜂鸟和一种名叫隼蛾的昆虫传粉。那么，红花吉利亚靠什么魅力吸引它们为自己传粉呢？

这个答案就和红花吉利亚变换花色的原因息息相关。

原来，蜂鸟最喜欢的是红色，所以，红花吉利亚会先开出鲜艳的红花，吸引蜂鸟的注意，进而让蜂鸟在吸食蜜汁的时候充当它的传粉工人。

一个月后，蜂鸟离开，红花吉利亚会在逐渐变凉的天气中，开始自己的"变色行动"。花的颜色会从最初的红色慢慢变成粉红，花朵上面的花冠则会演变成白色，其目的是为了吸引它们的第二个传粉者——隼蛾。因为隼蛾喜欢在晚上活动，而白色在漆黑的夜晚会显得更加明显。

红花吉利亚的变色本领是不是让人惊讶呢？

植物中也有懒汉吗

　　大家都喜欢勤快的孩子，不喜欢懒惰的孩子。可是，你知道植物中也有令人讨厌的懒汉吗？

　　在大自然里，大多数绿色植物都会依靠自身努力扎根土壤，吸取养分的同时进行光合作用，积跬步行千里，从一株弱不禁风的幼苗变成一棵枝叶繁茂的参天大树。但是，并不是所有的植物都愿意这样一步一步地成长，有些植物更喜欢走捷径。

　　菟丝子就是一个走捷径的懒汉，它们把自己身上的丝缠绕在别的植物上，吸取别人的养分养活自己。

　　那么，难道菟丝子没有根吗？实际上，菟丝子刚开始萌芽的时候也是在地上扎根的，可是，由于它们不具备吸取养分、养活自己的能力，只得以掠夺为生。

　　如果周围没有可供缠绕的对象，菟丝子就会因为没有养分而枯萎；但只要有其他植物，菟丝子一定会毫不客气地把自己贴上去。甚至，心情好

的时候，它们还会和大豆等植物生活在一起。当它们开始完全依赖其他植物的养分存活时，它们的根就没有作用了。而且，当菟丝子缠绕的大豆被祸害得"面黄肌瘦"时，菟丝子还会把自己的身体转移到另一株大豆上，继续自己的懒汉生活。

鬼箭羽真的长出翅膀了吗

在我们的印象中，只有动物才会长出翅膀，也唯有长出翅膀，才能在空中飞翔。但是，如果告诉你植物也有翅膀，你会不会觉得不可思议呢？那么，有翅膀的植物是不是就能飞翔呢？下面就让我们一起了解奇特的翅膀树吧！

翅膀树喜欢在河岸边的灌木丛中扎根，枝条很硬，上面长着两到四条质地轻柔的褐色薄膜，形似箭羽，远远看去，好像长着翅膀，非常奇特，人们称之为鬼箭羽。

鬼箭羽的用途很多，木材可以用来做成弓、杖、木钉等；枝上的翅膀还能够药用，被称为"鬼见愁"，如果不小心碰伤自己，它正好可以帮助你消肿。除此之外，鬼箭羽还有活血杀虫的功效。

如果想要栽种鬼箭羽，一定要把它种在阳光充足、空气流通的地方。春天的时候，要及时为它修剪松散的枝条；夏天的时候，不要让它晒太多阳光，注意适当遮阴；等到秋天的时候，鬼箭羽的叶子会变得很红，看起来非常漂亮。有些植物忍受不了冬天的低温，但鬼箭羽却可以安然度过。

很多人都喜欢这种既美丽又有实用价值的植物，你喜欢什么植物呢？

笑树是怎样发出笑声的

　　人类能自由地表达自己的喜怒哀乐，高兴的时候大笑，委屈的时候哭泣。假如有人告诉你植物也能发出笑声，你相信吗？

　　在非洲的植物园——芝密达兰哈德中，有一种被大家喜欢的植物，因其经常发出"哈哈"的笑声而被大家称为笑树。那么，笑树是怎样发出笑声的呢？

　　其实，笑树的奥秘全都藏在它的果实里。笑树的枝叶间密密麻麻地挂着像小铃铛一样的果实，但与绝大多数果实不同，它的肚子里只有种子，没有果肉。笑树的果皮上有小孔，只要有风，种子就会在果实的肚子里来回摇晃。无数果实都发出这种声音，听起来就好像是谁在大笑一样。

　　由于笑树能够发出笑声，人们都喜欢把它种在自己的庄稼旁边，喜欢啄食庄稼的小鸟听到笑声后，就不敢降落下来了。其实，除了笑树外，还有一种更奇特的植物，不仅可以发出笑声，还能够在晚上发出哭声呢，看来，植物中的"能人异士"也非常多啊！

植物也会被气死吗

我们每个人都有情绪，会生气，会难过。可是，你听说过会被气死的植物吗？是不是觉得不可思议呢？难道植物也有情绪吗？

事实上，檀香就拥有非常强烈的情绪——妒忌，它们甚至会因为周围的植物比自己长得高壮而生生地把自己气死。

檀香是一种比较珍贵的植物，也像普通的植物一样可以开花结果，但是，它们的花朵并不是由几个花瓣组成，而是一种好看的花序。檀香树的用途非常广泛，不仅可以提取香精，还可以制作药材和工艺品。

具体一点来说，檀香的香气可以让人们安神，甚至有驱蚊赶虫的功效。在工艺品的制作上，由于檀香本身的气味以及材质的特性，更是可以制作出很多精美的物品，比如念珠等。

虽然檀香树的好处很多，但它"小心眼"的缺点也很致命。据说很多檀香树都是在自己的嫉妒心理中慢慢枯萎的，只有很少的檀香树能够成活。不仅如此，成活的檀香树还利用自己扎根在地下的吸盘吸收其他植物的营养，进而让自己茁壮成长。当然，被它吸走营养的其他植物也会日渐消瘦。不过，一旦遇上能够和自己抗争的植物，檀香树会很生气，甚至可能在生气中死亡。

钻草为什么被称为自动播种机

　　无论是栽培花草，还是植树造林，大都需要把种子或幼苗埋入土壤，才能保证其生根发芽。对于自然界而言，大多数的植物只能随遇而安，任由种子撒落，但是，也有一些神奇的植物练就了一身特殊本领，比如钻草，它的果实竟然可以自行钻进土壤中，故而，钻草又被人们称为自动播种机。

　　钻草一般生长在缺水的草原上，果实上长着一个细柄。钻草的果实成熟后很容易被风吹落，落地之后，它会"撅着屁股"往土里钻，细柄则在土地的表面上使劲。一会儿逆时针转，一会儿顺时针转，在细柄的不断努力下，钻草的果实会渐渐被土壤覆盖。但是，钻进土壤只是钻草求生的第一步，能否成活还不得而知，是有风险的。

　　原来，钻草的自行播种颇有一些运气的成分。若运气足够好，恰好钻

进适合钻草生长的环境，便能生根发芽、茁壮成长；若运气不佳，钻进不适合钻草生活的土壤，就很难成活了。钻草的果实上生有倒刺，在往泥土里钻的时候，倒刺是一大助力，但想要倒出来，倒刺便成了最大的阻力。

尽管如此，钻草的播种能力和其他植物相比，仍然是非常了不起的。

2

可靠实用的植物
ke kao shi yong de zhi wu

指南草怎么指明方向

天苍苍，野茫茫，风吹草低见牛羊。大草原辽阔苍凉，景色单一，既没有路标，也没有参照物，一般人进去之后很容易迷失方向，但是草原上的牧民却能明辨东西南北，他们有什么秘诀吗？

经验丰富的牧民主要依靠一种神奇的指南草来辨别方向。草原上虽然有丰富的牧草，可是高大的树木却很少。每到夏天，小草就要承受炎热的

酷刑，尤其是到了正午，温度不断升高，草原上更为干燥。

为了适应这种高温的环境，减少太阳的伤害，指南草的叶子表现得与众不同：它们不会让叶片正对着阳光，而是所有的叶子都和地面垂直，并且呈南北方向分开生长。这样一来，正午的太阳就不可能完全炙烤指南草的叶子了，这也是指南草能生存下去的原因之一。所以，不管牧民走多远，都不会迷路。

还有一种名叫指南树的植物，也能够帮助人们辨明方向。指南树生长在非洲的马达加斯加岛上，无论扎根在平原，还是傲立于高山，它的针叶总是指向同一个方向——南方。

不得不说，指南草也好，指南树也罢，都没有辜负人类赋予它们的名字。

阿司匹林树是怎样治病的

　　生病的时候，是不是特别难受呢？全身没有一点力气，头昏脑涨、天旋地转。一般情况下，医生会对症下药，很快我们就痊愈了。你知道吗？植物界也有一种叫作"阿司匹林"的治病树呢。

　　在非洲的原始森林里，就生长着这种奇特的树，它和我们平时吃的感冒药有相同的效果。假如谁感冒或者发烧了，家人或者朋友就会专门去采集一些阿司匹林树的叶片，然后，让生病的人放到嘴中咀嚼。30分钟后，病人的病情便会减轻很多。假如感冒的程度较为严重，便每天多咀嚼几次叶片，没几天重感冒便能够痊愈。

　　俗话说"是药三分毒"，"阿司匹林"的树叶可比药片强多了，一点副作用都没有。那么，阿司匹林树为什么能治病呢？原来，阿司匹林树的树叶和枝条中含有一种名叫阿司匹林的药物成分，完全可以代替阿司匹林药给人们治病。

　　植物能治病的例子还有很多，比如用捣烂的柳树皮液汁治疗头痛发烧，一些印第安人现在依然在用这种办法呢！

树木也会产油吗

　　大自然中的植物千奇百怪，它们的能力远远超出我们的想象。不去了解，我们永远无法真正明白各种植物的优势和绝招。比如，你知道这个世界上还有产油的树吗？

　　一开始，大家并不相信植物可以产油，直到一位美国的科学家在一片热带雨林中找到了香胶树。

　　香胶树就是能够产油的树，它们的身材非常高大，产油量也不小。一棵香胶树在一个月内，能够收获二三十公斤的油，如果种上几十棵香胶树，那么，每个月便能收获十多桶油。

　　人们知道了香胶树的能力后，便把它们种在路边，方便人们在半路上"加油"。"加油"的方式非常简单，只要在香胶树的身上划开一个口，油就会自己流出来。

　　接下来，只要把油加进油箱中，就能继续愉快的旅途，不仅不会影响心情，反而能从中体会到一种野趣。

　　当然，尽管这种油不需要加工就能直接使用，但只限于使用柴油发动机的车子。

这种树收获的不是果实，而是宝贵的油，这样的事情你是不是第一次听说呢？

木盐树为什么会产盐

每到夏季，大家都喜欢待在空调下，一旦外出，难免会出一身汗。有一种六七米高的树，也会出现和我们相同的情况。天热的时候，它们的树干也会出现汗水，可奇怪的是，每当汗水蒸发干净以后，树干上就会出现一层洁白的"雪花"。

后来，人们慢慢发现，这种"雪花"可以当盐使用，于是，人们为它起了一个贴切的名字——木盐树。

那么，木盐树为什么能产盐呢？

大多数的植物并不喜欢在含盐高的土壤中生存，但很多地方的土壤中会有盐分残留，植物想要在这种地方生存，就必须有自己的本领；否则的话，树根不仅没有办法吸收水分，还会被盐"毒死"。

木盐树的绝招便是把盐分通过出汗的方式排出去，只等着风雨来临，再把这些盐分带离自己的身体。

　　还有一种植物叫瓣鳞花，它经常以假死的状态度过它的危机。它和木盐树有相同的本领，即可以把土壤中的盐分通过出汗的形式排出体外，从而茁壮成长。

　　所以，如果把它们种在不含盐分的土壤中，它们也就没有办法产盐了。

树也能产糖吗

很多人喜欢吃甜甜的食物，觉得那就是天下最美好的味道，直到蛀牙在牙齿里安了家。但是，你见过能产糖的树吗？

这种产糖的树生长在加拿大，每当秋天到来的时候，它会把叶子变成红艳艳的颜色，看起来非常漂亮，好像天边的火烧云一样。加拿大人非常喜欢这种树木，将其看得如同大熊猫一样珍贵，甚至还把它的叶子当成国家的标志。根据它的特点，人们称之为糖枫树。

糖枫树到底是怎样产糖的呢？

糖枫树的身材非常高大，肚子中储藏了很多淀粉。冬天的时候，淀粉会华丽变身，转化为糖；而到了来年的春天，糖又会在温度的影响下转变为树液。

通常来说，循环转化 15 年以上的糖枫树就可以为人们所用了：在树干上凿一个孔，然后插上一根管子，树液会顺着管子流到事先准备好的容器中。

令人惊讶的是，每个孔收集到的树液加工后竟然可制成 2 ~ 5 公斤的糖，质量甚至能与蜜糖一较高下。而每棵树产糖的时间一般为 50 年，但有的糖枫树总会给人惊喜，可以连续产糖 100 多年。我们不得不叹服，大自然真是神奇。

树上能长米吗

你知道世界上有一种米树吗？

西谷椰子树主要分布在南亚各国，树干非常高大，叶子也十分长，有的甚至能够达到 6 米左右；但它存活的时间相对较短，只有 10 ~ 20 年。终其一生，它们的花朵只会绽放一次；开花之后的几个月内，西谷椰子树会逐渐枯萎。

在西谷椰子树开花之前，当地的居民就会把它们砍倒，然后把树干截成段，再把树段从中间劈开，挖出里面的淀粉。但是，这还不是最后的步骤，接下来，人们还要把这些含有杂质的淀粉放在水桶中，搅拌均匀，直至纯淀粉沉淀在水桶底部。最后，把纯淀粉晒干，再进行一些必要的加工，才能变成人们的食物——洁白的西谷米。

西谷椰子树还有一个神奇之处：在开花之前，树干中间会有很多淀粉，一旦开花，树干中的几百公斤淀粉就像从来没出现过一样，竟然凭空消失了。这也是人们必须赶在它开花之前收集淀粉的原因。

西谷椰子树的产量不错，一般一棵树就能加工出 100 公斤的西谷米。直到现在，依然有很多人以这种"米树"为生。西谷米不仅口感好，还有丰富的营养，对人体有很多的好处，所以，除了自己食用以外，当地人还经常接到商家的订单呢！

植物的肚子里有牛奶吗

很多人吃早餐的时候，都喜欢喝一杯牛奶。这不仅是因为牛奶的香醇，还因为牛奶能给我们的身体补充必要的营养；但牛奶都是从奶牛身上挤出来的，你听说过世界上还有神奇的牛奶树吗？

在南美洲的热带森林中，有一种叫"索维尔拉"的牛奶树，当地人都叫它"乳头"。索维尔拉树的树干非常平滑，就连叶子的光滑度都比其他树木强很多，如果当地比较干旱的话，人们就会划开它光洁的皮肤，以树干上流出的白色树液来满足人们对水的渴求。

从外形上来看，索维尔拉树的树液又白又稠，和牛奶很像。不过，新鲜的汁液会有一种我们不喜欢的味道，必须掺入清水，然后煮沸，才会像牛奶一样芬香可口。

索维尔拉树的树干中所包含的树液并不少，每棵树每次可流出三四升的"牛奶"，足够当地人用来补充人体所需的营养了。另外，牛奶树的木材还是优质的建筑材料。

在希腊，还有一种能产"羊奶"的树，树身每隔几十厘米，就会长出一个能自然滴出"乳汁"的奶包来。当地的牧羊人常常将小羊羔抱到树下，让小羊吸食奶包里的"奶液"。这种"奶液"营养很丰富，小羊羔即使不吃母亲的奶，只靠吃它，也能长大。

树上也能长面包吗

　　18世纪的时候，很多黑人受到英国殖民者的压迫，生活十分艰苦，连最基本的食物问题都没有办法解决。7年的时间，仅某一个岛上，因为饥饿而死的黑人就达到了1万多人。

　　看到这种情况，英国殖民者不得不采取措施解决粮食短缺带来的问题。于是，他们去南太平洋岛采集了一批面包树苗，运到这个岛上进行种植，正是这种面包树成功地解决了饥荒问题。

　　也许你现在会想：这些树为什么叫面包树呢？它真的能结出面包吗？

　　这种叫作面包树的植物很高，有的甚至能达到40多米，树干非常粗壮，分枝和树叶并不多；但这种树的果实却十分多，不管是根部还是树干、枝条等地方，都会结出果实——聚生果。而这种果实就是面包树名字由来的关键：果实在烤制后，不仅可以填饱人们的肚子，而且味道、口感与面包非常相似。

　　也许说出来你不相信。如果有人在家中种了12棵面包树，那么，整整一年中就再也不会为食物问题而担心了。

　　面包树不仅能充饥，还以其奇特的造型深受人们的喜爱，以至于在很多公园中都能看到它们的身影。

此外，面包树粗壮的枝干还能用来建造房子，其坚固程度足以供人们使用数十年之久。真没想到，光秃秃的面包树竟然全身都是宝！

阿洛树的树枝为什么能当牙刷

对于我们来说，刷牙是一件再寻常不过的事情了，在牙刷上挤满牙膏，白色的泡泡填满嘴巴，不光带给我们清新的口气，还能把牙齿护理得又白又健康。但是，你见过用树枝刷牙吗？

在非洲西部的热带森林里生长着一种名叫"阿洛"的树，当地人经常直接用它的树枝刷牙。当人们把阿洛树的枝条放进嘴中的时候，唾液会润湿它的纤维，树枝上就会出现和牙刷类似的牙刷毛，不管是当地的大人，还是孩子，都非常喜欢这种天然的牙刷。

在非洲的刚果、坦桑尼亚等国家，也有一种"刷牙树"，是一种天然的优质刷牙用具。这种树的木质非常疏松，而且很有弹性，就像牙刷上的软毛一样。更神奇的是，它的纤维孔里还会分泌一种带有水果清香的乳状物，能够产生大量的泡泡，不光去垢能力强，还能防治牙病。长期使用这种树枝牙刷，可以使牙齿健康洁白、嘴唇红润，难怪非洲人有健美的牙齿呢！

蜡烛树为什么能照明

几十年以前，手电筒还很少见，冬天上学的时候，孩子们的手中都会提着一个"酒盒灯"。所谓"酒盒灯"，其实就是在酒盒上扎出很多小孔，再把蜡烛放进去，最后，用绳子把一个小棍绑在酒盒的最上面。

这种手工"酒盒灯"陪伴着那时的孩子们度过了没有手电筒的日子，也留下了无数美好的记忆。其实，在植物的世界中也有很多本领高强的植物，甚至可以像蜡烛一样为我们照明。

我们看见过很多植物的果实，有

圆球状的，有细长的，还有长满刺的，可是，生长在美洲的一种树竟然能够结出与蜡烛非常相似的果实。更奇妙的是，这种果实不仅在外形上和蜡烛相似，连用途也和蜡烛一样——照明。于是，人们称这种树为蜡烛树。

蜡烛树原产墨西哥，我国广东、云南等省有栽培。其花紫色，状如小高脚杯形，花直接生于主枝或老枝上，夏季开花繁多，秋季少量开花。

蜡烛树喜温暖、湿润的环境，生长适温 20 ~ 30℃。对土壤的要求不严。叉叶木移栽时要带土球，否则易死亡。移植时要下足基肥，并在其生长期每 2 ~ 3 个月施肥 1 次。叉叶木的抗性强，较少发生病虫害。它可用来布置公园、庭院、风景区和高级别墅区等，也可单植、列植或片植。

蜡烛树的果实之所以能够像蜡烛一样燃烧照明，是因为其中含有很多油脂。把这种天然的蜡烛点燃以后，根本不会有预想的黑烟出现，当地人甚至觉得它比蜡烛更好用。

无独有偶，有一种名叫蜡烛胡桃的树也能结出用来燃烧照明的果实，其亮度也丝毫不逊色于蜡烛的亮度。所以，当地人经常把这种果实收藏起来，用以照明。

芦荟为什么可以养护皮肤

　　传说中，美艳的埃及女王拥有一个具有神秘魔力的水池。每当夜幕降临的时候，埃及女王便一个人进入这个具有魔力的池子中浸泡身体，每一天都是如此。

　　随着时间的推移，人们渐渐发现一个秘密：埃及女王的容貌永远都那么年轻，好像皮肤不会长皱纹一样。于是，不管是谁，再也无法从外貌来判断女王的年龄。

　　直到后来，人们才发现，原来女王的那个魔池就是她保持容颜不老的秘密，而那个池子里的液体则是一种叫作芦荟的植物的汁液。

　　关于芦荟的传说，并不是只有一个。据说，在二战的时候，很多人都遭受到了炸弹的灼烧，不管人们如何用药，都没有办法让疤痕消失。后来，竟然有人提议用芦荟的汁液进行治疗，人们抱着"死马当成活马医"的心态开始试用。最后，这些伤痕竟然慢慢变淡了。于是，芦荟又被很多人称为"毋需医生"。

　　芦荟有很多不同的种类，有的外形非常高大，像一棵树一样，有的却只有 10 厘米左右。

芦荟中含有很多对人体皮肤有益的成分，再加上它的渗透性也比较强，所以，芦荟的汁液才能达到养护皮肤的功效。

橡胶树的眼泪有什么用

我们流眼泪是为了发泄自己的情绪，而且，流眼泪的同时，还能把身上的毒素排出体外，不让细菌在我们的身体中安家。那么，橡胶树也有眼泪吗？它的眼泪有什么作用呢？

　　橡胶树的花朵一年可以绽放两次，但橡胶树特别怕冷，只要一到冬天，它就会受到低温的伤害。印第安人把橡胶树称为眼泪树，因为割开橡胶树的树皮，马上就会看到有黏稠的液体流出来，这就是印第安人所说的眼泪。对于橡胶树本身来讲，这种汁液可以帮助橡胶树杀死细菌，有利于自己的健康。但是，对于人类而言，橡胶树的眼泪的用途更多更广。

　　橡胶树的眼泪最初被人们用在制造橡皮上，慢慢地，人们发现了它越来越多的用途，比如制作雨衣、雨鞋等。但是，在橡胶刚被运用到生活中的时候，大家并不买账，因为在夏天的时候，它容易被高温熔化，冬天的时候，又容易因为低温断裂。所以，当时很多雨鞋制造厂都处在将要关门的状态。直到后来有人找到了解决办法，并且成功制造出了一双质量优秀的雨鞋，人们才开始正视橡胶的作用并把它运用到各个领域。时至今日，橡胶树的眼泪对人们的生活作出了巨大的贡献，已经成为工业生产必不可少的原料。

白刺为什么被称为荒漠卫士

　　生活在内蒙古以及西北地区的人，肯定见过一种叫白刺的植物。也许你当时并不知道它的名字，又或者没有观察过这种植物，但你对这种随处可见的植物一定有印象。

　　白刺是一种典型的荒漠植物，适应能力非常强，不管干旱还是高温，都没有办法让它"屈服"。这种植物的分枝非常多，当然，它们也是依靠这些繁多的分枝护住沙丘的。对于植物而言，在黄沙漫天的沙漠中，如果想要生存下去，一定要有不怕沙埋的特点，也就是说，白刺被黄沙掩埋之后，不会受到任何伤害，枝条也会继续向上生长。而且，虽然很多植物也有固定沙丘的作用，但远远没有白刺的忠诚度高。在成长的时候，大多数植物只顾着自己向上生长，只有白刺愿意用自己的"身躯"固定沙丘，同沙漠

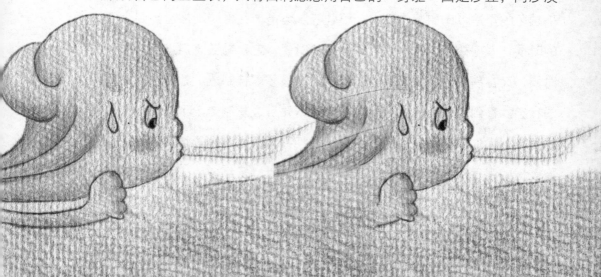

中脾气暴躁的大风作斗争。

　　白刺的枝条很白，上面生长着很多鲜嫩的叶子；而这些叶子又是骆驼等动物最喜欢的食物，但是白刺的枝条顶端有很多硬刺，动物们只好在硬刺形成前猎食。除此之外，白刺的果实还可以治疗胃病，或者用来酿酒。

　　原来，白刺全身都是宝贝呀！

蒲公英为什么被称为"尿床草"

蒲公英是很多人小时候非常乐于亲近的植物，总能与童年记忆相重合。把蒲公英带着白色冠毛的瘦果吹向天空，一朵小小的降落伞飘飘荡荡，好像孩子的心一样轻灵温柔。

在古代，蒲公英曾经是人们饭桌上的菜肴，后来才慢慢被其他蔬菜取代。有人把蒲公英叫作黄花地丁、黄花苗、婆婆丁，又因为蒲公英中所包含的物质对消化系统有改善作用，利尿效果十分明显，所以，大家也会把蒲公英叫作"尿床草"。

除了有利于消化，蒲公英还可以祛除脸上的雀斑。在蒲公英生长的季节，我们可以到野地里选取干净、散发淡淡香气的蒲公英叶子进行熬煮，然后轻轻敷在脸上。如果没有新鲜的蒲公英，也可买一些干燥的蒲公英叶子替代。

蒲公英虽然不能像向日葵一样，随着太阳转动自己的花盘，但也属于向阳花的一种。因为只要夜晚降临，蒲公英就会合拢自己的花序，只在白天盛开。一般来说，蒲公英有 30 天的花期，但蒲公英的生命力却很顽强，能够依靠自身的能力——植株枯萎，保留根茎度过寒冷的冬天。

蒲公英是多年生草本植物，野生条件下两年就能开花结籽，开花数随着生长年限而增多，有的单株开花数达 20 个以上，开花后经 13～15 天种子即成熟。

　　蒲公英的根有点像圆锥体，弯弯曲曲，皱皱巴巴，长约 4 ~ 10 厘米，根的头部有棕色或黄白色的茸毛；它的叶子大多带有红紫色的脉络，疏散地覆盖着一些白色的柔毛。

　　蒲公英的生存能力很强，广泛分布于中、低海拔的山坡、草地、路边、田野和河滩，通常 4 ~ 9 月开花，5 ~ 10 月结果。

猕猴桃为什么是水果之王

你知道猕猴桃之名是怎么来的吗？有人说，是因为猕猴喜欢吃这种水果，所以，才有了猕猴桃这个名字。还有人认为是因为猕猴桃的果皮覆毛，和猕猴非常相似，才被人们取了这个名字。现在有很多人喜欢猕猴桃，但是这种酸甜适中、清爽美味的水果被人们忽视了很久。

唐朝的时候，猕猴桃曾被人们当成观赏性的植物，由此可见，猕猴桃的枝叶以及花朵也是非常漂亮的。虽然猕猴桃的果肉甜中带酸，汁液鲜美，而且放置一个月都没有问题，但其摘取的时机却非常讲究，否则果实的味道就会受到极大的影响。

很多人会发出疑问：就算猕猴桃好吃，可其他水果也十分鲜美，为什么猕猴桃被称作水果之王呢？原来，猕猴桃的营养非常丰富，它所含有的钙和维生素 C 等物质远远超过苹果、葡萄、橙子等众多水果，是被大家公认的"水果之王"。

此外，猕猴桃还可进行加工，制成猕猴桃汁、果酱等，其中的营养一点也不比鲜果少；而且，猕猴桃汁是许多运动员喜欢的饮料，也是很多老年人的滋补品。

当然，猕猴桃的营养虽然很高，但并不适合每个人。因为它也有自己的缺点——性寒。所以，如果脾胃不好、时常腹泻的话，最好不要经常吃猕猴桃。

轻木有多轻

在南美洲厄瓜多尔盛产轻木的地方，你会时常看到两个人抬着一根又粗又长的木材快步如飞。你知道这是为什么吗？

据说，在哥伦布发现新大陆以后，很多国家都想从中分一杯羹，扩张自己的地盘。当西班牙军队赶到的时候，他们看见了令人惊讶的一幕：在一条湍急的河流中，有好几个当地的姑娘正在一个由几根木头组成的木筏上顺水漂流。但是，无论有多大的浪头打过去，这个木筏始终不会沉下去。对此，他们产生了强烈的好奇心。后来，他们终于找到了这种树木，由于它非常轻，所以，他们便把这种树木命名为"轻木"。

那么，轻木到底有多轻呢？一根 10 米长、合抱粗的轻木，就连一个妇女都能轻易地扛起来。所以，用轻木做成的木筏能够装载更多的货物。除此之外，轻木的防腐性非常好，还可做成各种各样的精致工艺品。

大多数树木的身体中经常会孳生各种各样的虫子，其木材也要经过进一步加工才能使用，但轻木就没有这个必要，它不仅木质很白，而且也不会受到虫子或者蚂蚁的啃食，基本无需加工，即可直接使用。

凤仙花为什么可以染指甲

你有没有用凤仙花染过指甲呢？采集一些凤仙花的花瓣，与明矾掺在一起，再捣成碎末；晚上睡觉前涂在指甲上，用布包好；第二天早上醒来，指甲就变成了红色。

为什么凤仙花和明矾掺杂在一起，就可以染红指甲呢？

原来，凤仙花的花瓣中含有一种染料，但这种染料并不能直接染红我们的指甲，所以才加以明矾。经过一夜的上色后，我们的指甲就能在不用指甲油的情况下，变得非常漂亮了。

其实凤仙花的颜色不只是红色一种，还有白色、粉红等很多种颜色。如果在家中栽种一株凤仙花，它的花朵并不会吸引到太多的目光；但如果把很多株凤仙花集中在一起，甚至事先把不同颜色的凤仙花按照某种图案排列，其观赏效果就会好很多。当不同颜色的花朵一起绽放时，入目绚丽、满目皆彩，非常令人沉醉。

凤仙花的果实不大，好像一个个小毛桃一样倒挂在茎上，非常有趣。如果你不小心碰到成熟的果实，"小毛桃"会马上裂开，里面的种子就像长出了翅膀一样，能飞出很远，这就是凤仙花传播种子的方法。

神秘果是怎样改变味觉的

舌头可以辨别酸、辣、苦、甜等很多种味道，帮助我们找到喜欢吃的食物。但是，你知道有一种神奇的水果能够改变你的味觉吗？

神秘果是一种椭圆形的红色果实，样子长得像娇小点的圣女果，长不过2厘米，直径也就几毫米，剖开看，里面除了一点甜味果实和一粒种子

之外也再没有什么神秘的东西了。可是，只要吃一点点这果实，大约几个小时之后，你的味觉就全变了，此时不管是吃苦黄连、辣椒还是酸柠檬，你会觉得所有这些果实不再苦涩、辛辣和酸得倒牙，而变成甜的了。这果子是不是很神秘？

其实，神秘果改变的并不是其他食物的味道，而是人们的味觉。当我们吃下神秘果后，舌头上已经存在了神秘果素，接下来，不管吃多么酸涩的东西，我们都会感觉特别好吃。当然，神秘果素的效果也是有时间限制的，仅能维持一到两个小时。

神秘果被称为糖尿病人的"助食剂"。因为糖尿病人的身体中含糖高，所以不能吃太甜的东西。而吃过神秘果后，患者不管吃什么味道的东西都带有甜味，不光有助于增加食欲，也不会加重病人的病情。

神秘果是典型热带常绿灌木，原产地在西非、加纳、刚果一带。20 世纪 60 年代，周恩来总理到西非访问时，加纳共和国把神秘果作为国礼送给周总理。此后，神秘果开始在我国栽培。神秘果是一种国宝级的珍贵植物，不管是在西非各国还是我国，都受到保护，禁止出口。

花生的果实为什么喜欢黑暗

　　一般在陆地上生长的植物，开花和结果都会在地面上进行。但花生却是一个特例：地上开花，地下结果。所以，人们又称它为"落花生"。

　　花生在开花前的生长期很短，只有30天左右，但开花期却长达60天。开过花以后，我们并不能在地面上看到果实，并不是花生不结果，而是它的果实只生长在地下。

　　如果你心生好奇，把它深埋在土壤里的果针拔出来，那么，这个被拔出来的果针是不会在地面结果的。即便在长出小果实之后，把它们拔出来，它们也不会继续生长。但如果用不透明的塑料袋等物体把它们包裹起来，不让花生的果实见到阳光，果实的成长就不会受到影响了。可见，花生的脾气还真是古怪啊！

　　那么，花生的果实为什么喜欢黑暗的环境呢？原来，这种在地下结果的习惯是花生的一种遗传特性，也是对特殊环境长期适应的结果。黑暗已经成为花生结果的必要条件，所以，我们也可以说，花生喜欢黑暗是为了结出果实。

　　花生又被人们称为"长生果"，自古以来就被人们用来象征美好的愿望，比如长生不老、如意幸福等。那么，你对花生寄托了什么愿望呢？

为什么挖人参要系红绳呢

　　传说千年人参都是已经成精的灵物，所以在挖取人参的时候，一定要用红绳把它系住，不然，它便会自己逃跑。虽然这种说法被很多人当成笑谈，可事实上，人们在挖人参的时候，的确会这样做，但原因却有所不同。

　　原来，挖人参系绳子是为了防止人参根茎出现断裂，而用红色的绳子则源于上面的传说。当然，还有一个原因，如果看到人参的时候，身上没有带工具，为了防止忘记人参的位置，就系上比较显眼的红绳，以便更容易重新找到它。

　　人参是一种非常珍贵的药材，也一直被人们当作是一种有灵性的植物。所以，大家入山采参的时候，都会遵循一套复杂而神秘的山规、习俗。

　　采参的时候，每个人手里都拿着一个索罗棍，按照规矩行事，不能胡乱说话，只要发现人参，便会大喊一声："棒槌！"然后用草帽盖住人参，再系红绳。而且，人们都把采参称为"抬参"，以表达对人参的敬意。

　　很久以前，人们就已经在采挖人参的过程中形成了特有的规矩，而这些规矩作为习俗，流传至今。

　　人参别称黄参、地精、神草、百草之王，是闻名遐迩的"东北三宝"之一，是多年生草本植物，喜阴凉，叶片无气孔和栅栏组织，无法保留水分，温度高于32℃叶片会灼伤。通常3年开花，5～6年结果，花期5～6月，果期6～9月。

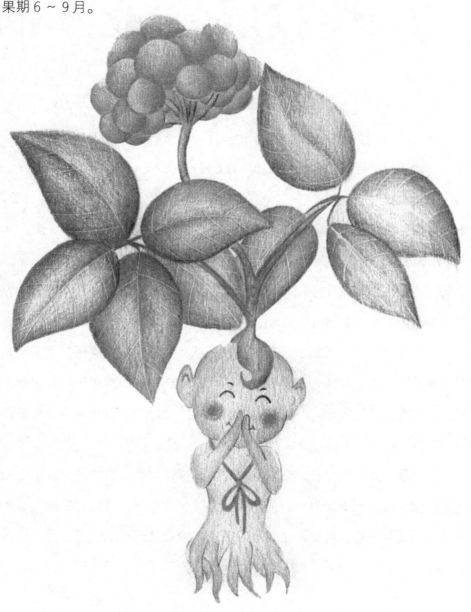

白果能帮助人提高记忆力吗

你有没有出现平时烂熟于心的知识，却在考试的时候一个字也想不起来的情况呢？你是不是经常羡慕小说里面一目十行的天才呢？虽然白果并不能真的让你过目不忘，但是，却能有效提高你的记忆力。

白果树最早出现于3.45亿年前的石炭纪，曾广泛分布于北半球的欧、亚、美洲，侏罗纪时期曾广泛分布于北半球，白垩纪晚期开始衰退。至50万年前，白果树在欧洲、北美和亚洲绝大部分地区灭绝，只有中国的保存下来。白果树主要大量栽培于中国、法国和美国南卡罗莱纳州。毫无疑问，国外的白果树都是直接或间接从中国传入的。

白果树成长的速度很慢，自然条件下从栽种到结银杏果要二十多年，四十年后才能大量结果，但是存活的时间却很长，树龄可达千年，因此又有人把它称作"公孙树"，有"公种而孙得食"的含义，是树中的老寿星，具有观赏、经济、药用等价值。

白果是白果树的种仁，含有多种营养元素，具有很高的药用、食用和保健价值，对人类健康有神奇的功效。经常食用白果，确实对提高人类的记忆力，具有一定的帮助，尤其是对于因年龄增长而产生的记忆力下降也有所改善。

其实，说了这么多"白果树"的知识，你或许仍然对它感觉陌生，但若提起它的另外一个名字，说不定你会有"如雷贯耳"之感——银杏。

除虫菊为什么能杀虫

春夏之际，我们在享受百花盛开的美景之时，蚊虫、苍蝇也常令我们苦恼。

为了解决这个问题，我们可以选择除虫菊花瓣制作的蚊香，这种蚊香不仅没有刺鼻的气味，还有淡淡的清香。最重要的是，它不仅可以杀蚊驱蝇，对臭虫、虱子等昆虫的驱逐也有着很好的效果。

除虫菊是菊科的多年生草本植物。约有半米高，从茎的基部长出许多深裂的羽状的绿叶，在绿叶之中簇拥着野菊似的头状花序，花序的中央长着黄色的细管状的花朵，外周镶着一圈洁白的舌状花瓣。看起来，淡雅而别致。

除虫菊花瓣制成的蚊香之所以有比较好的效果，是因为除虫菊的花朵中含有一种比较特殊的物质。当蚊虫闻到这种气味后，就像回光返照一样，异常兴奋；但在一两分钟内，它们便会死亡。除了制造蚊香，除虫菊中的特殊物质还是一种对农作物没有任何副作用的杀虫良方，对哺乳动物和人们的健康也没有一点危害，这也是除虫菊拥有较高经济价值的原因所在。

这种受大家欢迎的植物喜欢干燥的生长环境和充足的阳光，虽然除虫菊整株较小，但开花的时候，却非常漂亮。如果白花除虫菊和红花除虫菊在一个区域间相互穿插栽种，开花后更是美丽异常。

为什么说香根草是植物中的混凝土

　　植物界中的奇能异士非常多，甚至还有被称为植物混凝土的高手——香根草。

　　香根草，又名岩兰草；顾名思义，因其根很香，故名香根草，是一种

禾本科多年丛生的草本植物，原产于印度等国，现主要分布于东南亚、印度和非洲等（亚）热带地区，具有适应能力强，生长繁殖快，根系发达，耐旱耐瘠等特性；有"世界上具有最长根系的草本植物"、"神奇牧草"之称；被世界上100多个国家和地区列为理想的保持水土植物。中国也有天然香根草分布。

单从香根草的名称，我们就很容易理解它的特性：香根草的根很香。除此之外，香根草并没有什么引人注意的特点。

那么，香根草到底有什么值得称道的特异之处呢？原来，香根草的根非常有力气，能够抵抗很强的拉力，像钢筋一样，从而达到固定斜坡、绿化环境的目的。在很多环境污染或者水土流失比较严重的地方，香根草被大家当成一种天然的恩赐。

为了证明香根草的能力，曾经有人把香根草种在一座垃圾山上。这座垃圾山上面有很多塑料袋、烂布等废弃物。人们在种植香根草之前，已经尝试在垃圾山上种植过多种植物，但结果都不尽如人意。谁知道，香根草却在短短两个月内，将垃圾山变成了一道风景。

对于这个结果，很多人都非常惊讶，但了解香根草的人却说："香根草还能在岩石上生长呢，所以，不用担心，香根草一定能够'霸占'这片垃圾山"。可见，把香根草称为植物中的混凝土一点也不为过。

吊兰为什么被称作空气清洁工

　　随着生活水平的提高，很多人都会在家里养上几盆花，不但赏心悦目，还能净化空气；但是，并非所有的花草都适合在室内种植。香味浓郁的月季花不仅不会让人呼吸更加畅快，反而会让人觉得憋闷；夹竹桃有毒，不仅令人脱发，还有可能中毒。当然，也有很多既漂亮又实用的植物适合家养，比如吊兰。

　　吊兰性喜温暖湿润、半阴的环境。它适应性强，较耐旱，不甚耐寒。不择土壤，在排水良好、疏松肥沃的砂质土壤中生长较佳。对光线的要求不严，一般适宜在中等光线条件下生长，亦耐弱光。生长适温为15～25℃，越冬温度为5℃。温度为20～24℃时生长最快，也易抽生匍匐枝。30℃以上停止生长，叶片常常发黄、干尖。冬季室温保持12℃以上，植株可正常生长，抽叶开花；若温度过低，则生长迟缓或休眠；低于5℃，则易发生寒害。

　　吊兰的叶片细长，质感柔软，轻轻下垂于花盆四周，好像花朵一样，惹人怜爱。它四季常绿、形态优美，与仙鹤非常相似，因此，吊兰又被称为折鹤兰。吊兰在夏天的时候绽放花朵，黄白相间的颜色和精致的小花，别有情趣。

吊兰不仅可以带给人们美的享受，还能很好地净化室内空气，因此又被称作空气清洁工。它可以吸收对人体有害的气体并传到根部，再借助土壤中的微生物把有害气体变成无害气体。

若能在房间中放置一两盆吊兰，我们就基本上不用担心受到有害气体的威胁了。

接骨木为什么是接骨助手

你身边有没有一个非常调皮的朋友呢？他会不会经常做出让大人头疼的事情呢？是否终日爬高上低，弄得身上青一块紫一块，甚至严重到伤筋动骨呢？我们知道，医生会给骨折的病人打石膏，那么，你知道有一种树木可以让人们的骨折尽快恢复吗？

这种能帮助人们快速愈合骨骼的植物叫作接骨木。在中医治疗骨折的时候，少不了要用到接骨木的茎枝，把它和其他药混合使用，外敷内用，效果非常好。为此，人们才给接骨木起了一个形象的名字——接骨助手。

当然，不只是接骨木的茎枝部分可以入药，就连接骨木的花朵也惹人喜爱，称它们为流感特效药。原来，在我们感冒还不严重的时候，把接骨木的花朵泡成花茶，趁热喝下，便能够有效减轻流鼻涕等症状，还可以清除我们体内的毒素。

另外，如果饮用含有接骨木的花茶，连喝漱口水的步骤都可以省略。不仅如此，还可以让我们在经受旅途颠簸之后，缓解水土不服、嗓子疼痛等症状。这可不是一般的漱口水可以解决的问题。

3

阳光正面的植物

yang guang zheng mian de zhi wu

依米花是怎样坚持开花的

依米花生长在非洲的荒漠地带，它默默无闻，很不起眼。起初，很多游人都以为它不过是一株草，谁会想到沙漠中也会有花朵盛开呢？

但是，它却总能在某个不经意的清晨突然绽放美丽的花朵，给荒凉的沙漠带来一丝绿意、一线生机。它的花朵很奇特，每朵花有四个花瓣，每

个花瓣的颜色都不相同，红、

黄、蓝、白相间，非常鲜艳娇嫩。

最让人惋惜的是，依米花的花朵尽管美丽，

但是花期只有两天。两天之后，随着花朵的枯萎，

母株也将一起告别这个世界。

沙漠中非常干燥，极度缺水，依米花为什么能在这么艰苦的环境中盛开呢？

水是植物生长过程中不可或缺的元素，而且开花的植物需要的水分更多。生活在非洲大荒漠中的很多植物都拥有强大的根系，从地下吸收水分满足自身生长需要。

但是，依米花却并没有这样庞大的根系，它只有一条孤零零的主根承担吸水任务。这个吸水的过程不仅漫长，而且艰辛，需要坚强的毅力和足够的幸运。

依米花积累水分的过程往往需要持续四五年，乃至七八年的时间，在储存到足够完成开花所需要的全部水分后，依米花会在第一时间选择盛开。依米花盛开的过程耗尽了毕生精力，也因此而付出了生命的代价。

非洲魔树真的能发光吗

在黑暗中发光的东西有很多：蜡烛、电灯、狼的绿眼睛……若是告诉你有一种树也会发光，你会不会觉得匪夷所思呢？

在遥远的非洲就生长着这种神奇的树。白天，这种树看起来跟其他树没有什么区别，可是当夜幕降临，它从树枝到树干都会散发出明亮的荧光，以至于树的周围被照得雪亮。远远看过去，它们犹如火树银花，分外美丽，就像是变魔术一般。当地人总喜欢在这个时候坐在树下聊天、嬉戏，他们

给这种树取了一个很形象的名字：魔树。

　　树木为什么能散发光芒呢？这一奇特的景象，引起很多人的兴趣，在科学家们长期的研究中，终于找到了答案。

　　原来，这种树本身确实不会发光，让它们产生发光假象的是寄居在它们身上的一种名叫假蜜环菌的真菌。这种真菌本身含有特殊的荧光素和荧光酶，两种物质互相反应，释放出能量，绽放出光芒。事实上，它们在白天也是亮的，只不过太阳的光线更为强烈，我们看不出来罢了。

跳舞草为什么要跳舞

　　人们往往会把一些在艺术方面取得不凡成就的人称为艺术家，可是你知道吗？在多姿多彩的植物世界里，也有很多艺术家。有一种小草，能够伴随着音乐家的歌声翩翩起舞，仿佛它们通晓音律一样，这种植物就是跳舞草。

　　跳舞草最初是在美丽的西双版纳被发现的，如今已经濒临绝迹了。不过，现在当地还流传着一个美丽的故事：从前，有一位聪明漂亮、能歌善舞的傣族少女，名叫多依。每当她在水田边跳舞的时候，人们都会停下手里的工作专心观看，大家都说她跳舞的样子像是一只金孔雀。后来，一个恶霸听说了多依的名字，派人将多依抢到自己家中，逼迫多依没日没夜地为他跳舞。多依不堪凌辱，找机会逃出来，跳进了澜沧江。善良的村民将她的尸体打捞出来，安葬入土。不久，多依的坟上长出了一种会合着音乐节拍跳舞的小草。

　　像树不是树，似草又非草的植物为什么会跳舞呢？原来，与其他生物一样，为了在残酷的大自然中获得生存下去的希望，跳舞草唯有努力适应周围的环境。

跳舞草为了躲避炽热的阳光，避免自己的叶片被晒伤，只得依靠不停摆动来避免阳光的直射，并在草群内部形成流动的空气，这样才能在闷热、潮湿的环境中生存下去。

千岁兰为什么被称作外星生物

　　沙漠干旱缺水、风沙弥漫，几乎寸草不生；而作为世界上最古老、最炎热、最干旱的沙漠之一，纳米布沙漠全年的降雨量极少，有时候一连数年滴水不见。好在大西洋上的风暴，会在每个月的几天里给这里带来浓雾。凭借着这一点点浓雾，原本应是不毛之地的纳米布沙漠，却出现了植物的身影——千岁兰。

　　作为这片土地上的唯一一种植物，千岁兰生活得并不容易，它们不得不用力地将自己的根扎进沙石之中。

　　千岁兰的叶子呈带状，质地与皮革很像，最长可以达到 3 米。千岁兰的顶端还会结出像枸杞一样的红果，猩红的果树在黄色的沙漠中非常显眼。

　　干旱是千岁兰生存下去的最大威胁。在极度缺水的时候，千岁兰那原本宽厚的叶片会逐渐萎缩，最后干脆变得像堆破布一样。这还不算什么，沙漠中的风沙也很厉害，它们狰狞着、咆哮着，猛烈地抽打着千岁兰。就连一些动物也不放过它，在它们饥饿的时候，会毫不留情地将千岁兰吃掉……在如此严峻的生存环境中，

千岁兰的寿命竟然高达 2000 年！如此一来，人们简直要把它当成外星生物顶礼膜拜了。

难怪国际知名的植物学家韦尔威特在带领科考队考察纳米布沙漠的时候，面对千岁兰不由得发出这样的感叹："我坚信这是南部非洲热带生长的最美丽、最壮观、最崇高的植物，是非洲最不可理解的植物之一。"

为什么说竹子是最高的草

在南方的一些深山中，人们以竹为生，与竹相伴。他们住在竹子搭建的房屋内，使用竹子做成的各种家具，喝水用竹筒，吃饭用竹碗，小女孩梳头用竹梳子……可以说，当地人的衣食住行都离不开竹子。可是，你知道吗，用途如此广泛的竹子居然是草！

古人说："树茂成林"，竹子成片的地方，人们管它叫竹林。照这么说，竹子应当是树，事实上并非如此。树木与草之间最大的区别，应当看年轮。一些木本植物每过一年便会长出一个年轮，但是竹子的内部却是空的。单从这一点上，我们就可以下定论：竹子是草，不是树。

竹子不仅长得高，而且很坚硬。很多人不禁要问："既然竹子是草，为什么它们还能长得像树那样高呢？"对于大多数植物而言，茎秆顶部都会有一个生长点，但是竹子每一节的顶端都有生长点，这也是竹子为什么长得又快又高的原因。雨后的春笋一夜之间能长出 1 米左右，在东南亚一些地区生长的竹子，一个星期累计能长出 10 多米。如此凶猛的长势，它们应当是植物界的冠军了。

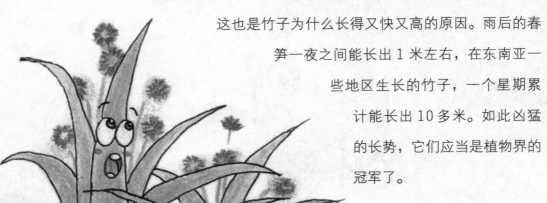

你记住了吗？竹子是最
高的草哦。

沙漠大黄怎样进行自我浇灌

在以色列的南部地区，占据了以色列近一半国土面积的内盖夫沙漠同世界上的其他沙漠一样，一样的干旱，一样的贫瘠。在这片沙漠中，年平均降雨量不到 75 毫米。在如此恶劣的环境中，鲜有植物存活，这里几乎就是生命禁区。

然而，令人意想不到的是在 2008 年的夏天，科学家们竟然在这发现了植物的踪迹。这种植物名叫沙漠大黄。更让人大跌眼镜的是，它居然伸展着肥美青翠的叶片，盛开着娇艳美丽的花儿，还结出了丰硕的果实。

一般情况下，在干旱的地方，为了保持自身的水分，生活在那里的植物多半会选择长出相对细小的叶片，既避免大面积与阳光接触，也能减少水分的流失。而沙漠大黄竟然敢长出大叶子，还开花结果，似乎完全不受干旱的影响。这究竟是为什么呢？

原来，沙漠大黄的叶子看起来与别的植物叶片相似，但事实上，它们的叶片承担着更多的责任。沙漠大黄的叶子表面并不像普通叶子那样光滑，而是长出了很多凹槽，这些凹槽就像是被分割得支离破碎的黄土高原，一旦有水珠在叶片上凝聚，便会沿着沟壑流向沙漠大黄的根部。

　　总的来说，沙漠大黄的叶片如同一个自我灌溉系统，在同样的环境中，它能比其他植物多收集 16 倍的水。

雨树是怎样下雨的

我们都知道，下雨是老天爷管的事儿，在神话传说里，龙王爷也管下雨。可是这世界上有一种树，它也管起下雨的事儿了。

在四川省的仁寿县有一处古墓，相传古墓里埋葬的是南宋时期的一位著名将领，2009 年初，这里发生了一件非常奇怪的事情，原本生长在墓地附近的一棵大树，好端端地在晴天下起雨来，这件怪事儿一传十、十传百，引来了很多人参观。这些人异口同声地说，自己确实在晴天的时候看到了大树在下雨。大树真的会下雨吗？这中间是不是有什么误会呢？

事实上，在遥远的南美洲确实生长着一种会下雨的树，名字就叫作雨树。雨树差不多有二十多米高，树冠看起来很像一把伞，成熟雨树的树冠最大可以长到三十米。

雨树之所以会下雨，完全是因为它们的树叶。雨树的树叶形状与碗很相似，长约四十厘米。每当天气潮湿或者是下雨的时候，这些树叶会将聚集在里面的水紧紧地卷起来，等到白天太阳高照的时候则慢慢舒展叶片，存在叶片中的水就会慢慢地流出来，形成一种下雨的假象。

而生长在墓地旁边的树并不是真的会下雨，那是因为树上生活着一种名叫朴巢沫蝉的昆虫，人们看到的雨水，只是它们分泌的汁液而已。

仙人掌为什么能在沙漠中存活

墨西哥生长着非常多的仙人掌，素有"仙人掌王国"之称，仙人掌在当地被叫作"仙桃"。很多墨西哥人都相信这样一个传说：一只山鹰叼着一条蛇，在天空飞来飞去，希望寻找一个栖身之地。当它从天空中看见一株开满黄花的仙人掌之后，便开心地俯冲下来，再也不愿离开。从此，墨西哥人便在这个地方建立了自己的国家。

仙人掌喜欢干燥的环境，故而多以沙漠为家。沙漠中的仙人掌体形庞大，最高可以长到十几米高，两三万斤。还有一种仙人球，它的寿命长达500年，最终会变成直径两三米的大胖球。

由于长期生长在艰苦的地方，仙人掌才进化成今天这副长着尖刺、皮肤光滑、根系发达的模样。

仙人掌的根系非常神奇，能随着环境不断变化。下雨时，它会长出很多的根，并尽量往周围延伸，以尽可能地吸取水分；干旱时，它的根会陆续枯萎、脱落，以减少水分的耗损。

这便是仙人掌能在沙漠存活并为行人提供水源的原因。

珙桐为什么被叫作鸽子树

很久以前，有一个美丽的白鸽公主，她不像别的公主一样骄纵，她追求的是男子汉气概。有一天，公主在森林里学习打猎的时候，被一条大蟒蛇牢牢缠住。千钧一发之际，一位名叫珙桐的勇敢的小伙子拼死救了她。公主被小伙子的机智勇敢所打动，决定以身相许。

回到家里，公主向父亲讲述了自己的遭遇，并且希望父亲将自己许配给珙桐。谁知父亲不仅不同意，反而悄悄派人连夜杀死了珙桐。当天晚上，白鸽公主逃出皇宫，来到珙桐惨死的地方放声大哭。忽然，一棵小树苗破

土而出，不一会儿就长成了参天大树。公主伸出双臂紧紧地拥抱这棵树，霎时间，树上便开满了像小白鸽一样的洁白花朵。人们为了纪念这个勇敢的小伙子，便给这棵树取名"珙桐"。

早在19世纪末期，一位名叫戴维斯的法国神父在中国的四川省发现了珙桐，他惊诧于珙桐的美丽，便想方设法将其移栽到法国。后来，珙桐又慢慢地流入世界各地。但是，现如今全世界的珙桐已经所剩无几，因此，珙桐树堪称"植物界的活化石"，是国家一级保护植物。

珙桐树的叶子很是繁茂，盛开的白色花朵就像是展翅欲飞的白鸽，尤其是花朵在茂盛的树叶中随风摆动起来的样子，更像是白鸽在树丛里调皮地捉迷藏，故而，珙桐又被称为鸽子树。

最大的种子有多大

　　塞舌尔是非洲东部一个风光秀丽的岛国，岛屿上长满了郁郁葱葱、稀奇古怪的热带植物，复椰子树便是其中的佼佼者。

　　成年的复椰子树有的高达 17 米左右，直径差不多有 30 厘米，这似乎并不稀奇，但是其树叶宽 2 米，最长可以达到 7 米，种子的直径有半米长，让人惊奇。第一次见到这种树的游人，几乎都会将树上的种子当成箩筐。其中，普通箩筐就超过 5 公斤，最大的重达 15 公斤以上。

　　这么巨大的果实，是植物王国中当之无愧的种子大王。复椰子树的种子在生长 7 个多月之后才会进入成熟阶段，此时的果肉是胶状的，可以食用。一旦超过 9 个月，果肉会慢慢地变硬。有多硬呢？曾经有人用它来冒充象牙，其坚硬程度可想而知。

　　复椰子树还有一个非常厉害的地方：它们的树干与树根相接的地方可以旋转，效果等同于人体上的关节。因为复椰子树的树干太过坚硬，不会弯折，很容易被台风伤害，这个"关节"可以在风里摆动，减小树干承受的压力。复椰子树死亡后，这个"关节"会继续在大自然中留足 60 年才会被分解，树干也要很多年才能腐烂，足以见得这种树十分坚硬。

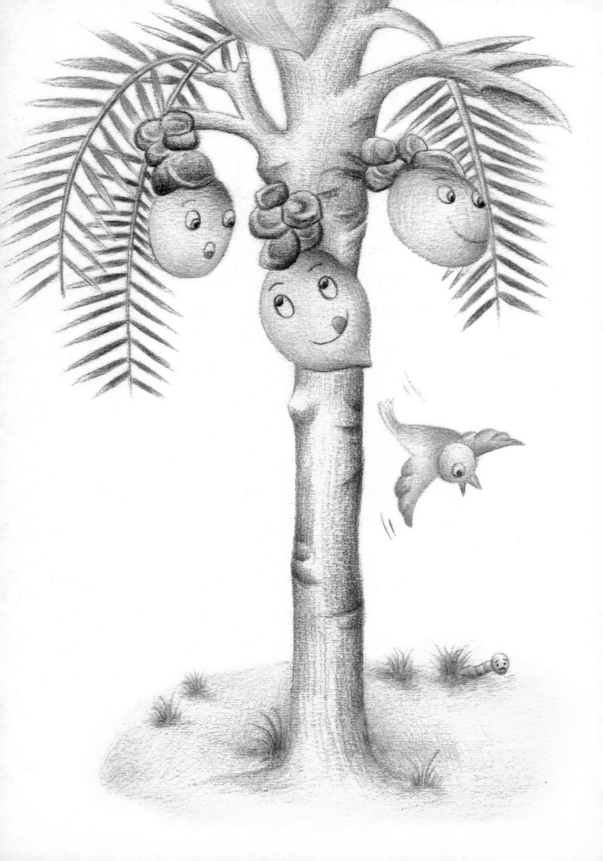

铁树真的要千年才开花吗

　　作为世界上最古老的树种之一，铁树因其树干坚硬如铁，又喜欢铁质养料而得名。铁树的树形古朴优美，树干如同鱼鳞，叶子如同大羽，很有韵味，故而很多人将它栽种在院子里或者居室内，并且在盆景中搭配各种各样的石头，别具一番闲情雅致。在我国四川省攀枝花市内，有一片 20 多万株的天然铁树林，这也是我国目前发现的规模最大的铁树林。

　　那么，铁树真的千年才开花吗？

　　铁树的生命力很顽强，在南方与北方都有它的踪迹。事实上，人们常说的铁树千年开花是不准确的。而且，说这句话的人大概是北方人。铁树开花在我国的北方确实不常见，然而，在一些炎热的地区，10 年以上的铁树年年开花，并非什么稀罕事儿。

　　铁树虽然在很多地方都能生长，但是它却只会在温度适宜、适度潮湿的地方开花。可以说温暖的阳光、湿润的空气、通风良好的环境是铁树开花的关键。如果有人愿意像种植大棚蔬菜那样栽种铁树，说不定我们也能在北方看到铁树年年开花了。

短命菊的寿命有多长

　　大多数草本植物，出苗后在当年开花或隔年开花，如水稻、玉米、棉花是当年开花，小麦、油菜是隔年开花。

　　一般木本植物开花比较晚：桃树三年，梨树四年，银杏出苗后要经过二十多年才开花，所以有"公公种树，孙子收实"的说法。毛竹要经五十到六十年后才开花，它一生只开一次花，花开完后就逐渐死亡。

　　短命菊就像它的名字那样，听上去就是一副"薄命相"。的确，它生命短促，来去匆匆，寿命是所有种子植物中最短的。它们喜欢把自己的家安在沙漠中，毫不吝啬地给沙漠装扮上一抹亮色，它们的花朵虽然并不算鲜艳，然而在沙漠中已经算是弥足珍贵了。

　　沙漠里空气干燥，常年少雨，为了存活，很多植物不得不将原本宽大的叶子退化成小小的一片。可是短命菊并没有这样做，它们选择了以缩减寿命的方式，来保全自己本来的面目。只要沙漠中的空气稍微湿润一些，它们便迅速生长，在最短的时间内完成开花结果的过程，随后，它们就会香消玉殒。这个过程往往只有大半个月的时间。

　　早春，沙漠中的雨水相对充沛一些，短命菊大多会选择在这个时候开花结果。它们的花序像舌头一样排列在一起，也有一点像是锯齿。最有趣的是，短命菊的花朵对周围的湿度非常敏感，当空气干燥的时候，它们会很快闭合；当周围的环境稍微潮湿一些，它们就迅速结果。短命菊的果实在成熟后会缩成一个圆球，并随着风向滚动。它们依靠这种方式传播并繁衍后代。

牵牛花为什么被称作"勤娘子"

俗话说："秋赏菊，冬扶梅，春种海棠，夏养牵牛。"可见牵牛花在夏季众多的花花草草中被当作宠儿。事实上，牵牛花迈进传统名花行列已经很久了，很多人都喜欢牵牛花。

著名京剧表演艺术家梅兰芳先生就对牵牛花情有独钟，甚至还购买了很多专业书籍，研究怎样才能使牵牛花开出更多娇艳的花朵。他还同许多喜欢牵牛花的朋友组成了一个专业的小团体，互相赠送良种，共同观摩研究，

还一起组织了很多次牵牛花展览。

牵牛花之所以深得梅先生的喜爱，是因为他希望通过观察牵牛花，来提高自身的艺术修养。另外，还有一个更重要的原因，牵牛花又被称作"勤娘子"，梅先生常常会与牵牛花比赛，看谁起得早。

牵牛花是一种很勤劳的花，当第一声鸡鸣传来，钟表的指针还停留在"4"上的时候，牵牛花就已经开始苏醒，以便让在晨光中早起的人们见到它们精神抖擞的样子。

望天树与擎天树是孪生兄弟吗

20 世纪 70 年代，一支专业的户外考察队在西双版纳的热带雨林中，发现了一种特别高大的树木。这种树身形颀长，比周围的树木都要高出许多，以至于人们仰头也看不到它的顶部，考察队员们甚至动用了专业的测高器，也没能测量出它的高度，只知道当地的老百姓都管它们叫望天树。

望天树是生活在我国云南的一种珍稀树种，并且只分布在西双版纳的局部地区，是一种生长速度非常快的阔叶乔木。一棵 70 岁的望天树，能长到 50 多米，个别的望天树甚至高达 80 米，树干的直径能达到 1 ~ 3 米。望天树比它周围的乔木要高出 20 多米，直冲云霄！

望天树不仅高大通直，而且开出的黄色花朵还散发出阵阵幽香，很多植物学家称其为热带雨林的特殊符号。

望天树还有一个孪生兄弟，被称为擎天树。擎天树是望天树的变种，体形也非常高大，常达 60 ~ 65 米。与望天树一样，擎天树也是生长于我国的独有树种，不同的是，它只生长在广西。

光棍树的叶子去哪儿了

　　在东非和南非的一些干旱地区，生长着一种非常有意思的树，这种树一年到头都只有光秃秃的绿色枝条，而几乎没有绿色的树叶出现。因此，当地人为它们取名光棍树。那么，光棍树为什么不长或很少长叶子呢？

　　原来，光棍树的老家气候炎热，而且常年干旱，雨水少，再加上蒸发快，自然条件非常严酷。为了能适应环境的要求，光棍树经过长期的进化，将自己的叶子变得越来越小，直至变成了今天的这副怪模样。

　　在叶子减少之后，光棍树就能减少体内的水分蒸发，减小自己被旱死的概率。因为没有叶子，它们只好将光合作用的任务交给光秃秃的枝条，退化后的枝条中含有大量的叶绿素，因此能满足光合作用的需求。

　　不过，如果将光棍树种植在湿度较大的地方，它们不仅很容易繁殖，而且还能慢慢地长出一些小小的叶片呢。怎么样，光棍树强大的适应能力是不是让人叹为观止呢？

　　光棍树属大戟科灌木，高可达 4 ~ 9 米，因它的枝条碧绿，光滑，有光泽，所以人们又称它为绿玉树或绿珊瑚。光棍树的白色乳汁有剧毒，观赏或栽培时需特别小心，千万不能让乳汁进入人的口、耳、眼、鼻或伤口中，但这种有毒的乳汁却能抵抗病毒和害虫的侵袭，从而起到保护树体的作用。
另据实验表明，光棍树乳汁中碳氢化合物的含量很高，是人造石油的重要
原料之一。

什么是飞花玉米

长久以来，玉米的颜色被人们定义为黄色，后来随着农业技术水平的提高，人们培育出了白色、红色、紫色甚至是黑色的玉米。如果这些已经让你赞叹不已，那么，对于同一个玉米棒上出现不同颜色的玉米粒，你会不会觉得更神奇呢？

不同颜色的玉米粒，有着不同的口感与营养价值。为此，科学家们研究出了一种新的玉米，这种玉米上有很多颜色的玉米粒，各种颜色交杂在一起很是好看，营养也更加丰富。有时候，人们也会在一块正常的玉米地里发现这种玉米，人们管它们叫作飞花玉米。

玉米的老家在遥远的中美洲，因其产量高、耐旱耐涝、美味可口，得以在全世界范围内栽种。世界各地的气候、水分、土壤条件都不相同，人们的栽种方法也不完全一样；在不同的地方，

人们的口味也不尽相同。如此一来，玉米的品种和口味便越来越多，颜色也越来越丰富。

玉米依靠风的力量来传播自己的花粉，不同颜色的玉米花粉很容易交叉传播，这就是为什么有的玉米棒上会出现不同颜色玉米粒的原因。

什么样的石头会开花

非洲南部地区终年高温，降雨量很少，且雨期集中，旱季十分漫长，非常不利于植物的存活。然而，在这片荒芜的土地上还是生长着一种奇特的植物——生石花。

生石花在世界范围内有着很大的名气，它们的植株现在已经退化到只剩两片叶子，茎极短，几乎看不见，叶子中间有条小缝隙，身子十分娇小可爱。在没有开花的时候，它们与周围卵石的相似度非常高，无论颜色、形状，还是质感，与普通的卵石没有太大区别，以至于不仔细辨别根本认不出来。

生石花努力地将自己伪装成各色斑驳的石头，混迹于周围的环境中，不论是光滑如玉，还是粗糙若沙砾，都同样惟妙惟肖，连见多识广、经验丰富的植物学家都乐意收集生石花的各个品种。

这种伪装功夫使它们能够在哺乳动物的嘴下求生，换取足够的时间储存水分，为开花结果做出充足的准备。

自然界崇尚优胜劣汰，强者可生，弱者必亡，生石花正是物竞天择的幸存者。

冰凌花在什么时候开花

从古至今，文人墨客多赞颂梅花，认为它"凌寒独自开"，殊不知，腊梅花在零下15℃的时候便会被冻死。它不能生长在"山舞银蛇，原驰蜡象"的北国，只能开在花红柳绿的长江流域。

如果把腊梅当成众所周知的"显贵"，那么，冰凌花一定是默默无闻、低调含蓄的"闺秀"。冰凌花分布在东北各省及世界其他寒冷之地，喜欢肥沃、湿润的土壤，大多生长在林下、灌丛和草地中。它的体形不大，通常只有20厘米，花朵也很小，直径不超过4厘米。在冬末春初，暖意未至、严寒犹在之时，它们便早早地在枝头绽放，因而被人们赞誉为"林海雪莲"。冰凌花的颜色黄灿灿的，像金子一样，打破了漫长冬季的单调与沉闷，难能可贵。

正因为可贵，人们才愿意在它身上倾注更多的情感。传说，冰凌花是一位喜欢穿黄衣的小女孩的化身。有一年，春天特别漫长，眼看着原本已经要进入夏季的天气仍然是寒冷异常，眼看着过冬的粮食马上就要见底了，人们都非常着急。善良的冰凌花忧心忡忡，她每天都会向上苍祈祷。

　　也许是她的诚心感动了上苍，一天夜里，她做了一个梦，梦里一位慈眉善目的老爷爷说："请你光着脚，把这些种子撒在冰雪掩埋的黑土地上吧。"醒来后，她果然看见了种子，于是按照梦中的办法做了。只见被鲜血浸透的土地上很快长出小绿芽，随后一朵朵黄色的小花就从晶莹透明的冰雪下探出头来。饥饿的人们得救了，小女孩却得病了。为了纪念小女孩，人们把冰下开的黄花叫作冰凌花。

腊梅在夏天能开花吗

　　说到腊梅，人们总会想到冰雪皑皑的冬天，因为很多腊梅都选择在冬天盛开。很少有人知道，夏季也是腊梅盛开的季节。

　　我们都知道杭州西湖的荷花闻名中外，除此之外，西子湖畔还有一种陆上"荷花"非常有名，那便是夏腊梅。每到荷花盛开的初夏，夏腊梅也会随之绽放。

　　夏腊梅的叶子差不多像人们的手掌那么大，花朵的直径有6厘米左右，比冬腊梅要大上很多。夏腊梅的花瓣重重叠叠，非常饱满，每片花瓣的外侧都有一丝浅紫色或者浅粉色的晕染，其他部分则如同白玉，娇小精致。有细心的人发现，夏腊梅的花朵很像是一朵荷花的缩小版，只不过真荷花开在水里，夏腊梅开在枝头。

　　全世界共五种夏腊梅，我国仅此一种，大都分布在浙江省。夏腊梅非常珍贵，被列为国家二级保护植物。

栓皮栎为什么剥皮不死

　　葡萄牙人曾自豪地说："沙特有石油，南非有钻石，葡萄牙有木塞。"你能想象得到吗？只有9万多平方公里的葡萄牙国土中，有73万公顷的土地上都在种植栓皮栎，而栓皮栎树干上的软木正是制作木塞的原材料。

　　很多老人都说"树怕剥皮"。一般的树木在被剥掉树皮后，便没有办法进行水分和养料的输送，过不了多久，整棵树就会枯死。但也有一种不怕剥皮的植物，这就是栓皮栎。

　　那么，栓皮栎被剥皮后，为什么仍然能生长呢？原来，栓皮栎竟然有三层树干，而人们剥去的只是最外面的软木层。软木层被剥去后，栓皮栎便不能再进行正常的新陈代谢了。但这个时候，栓皮栎树干的第二层就会发挥作用，再次生长出新的软木层，而第二层的树干也被人们称为软木再生部。

　　追溯起来，人类使用软木已经有很长的时间了。时至今日，软木制品，如鞋底、瓶塞等物更是随处可见，其对人类生活水平的提高具有重要的意义，甚至有人说："用栓皮栎的软木做成的酒瓶瓶塞，就算经历了百年时间，酒也不会变味。"

铁桦树连子弹都不怕吗

子弹的杀伤力很大，能够轻而易举地射穿人的身体。但是，当子弹遇到铁桦树时，它的"霸道"也就到头了。铁桦树的寿命在 300 到 500 年之间，漫长的生长周期和缓慢的成长节奏，造就了它坚硬、细密的木质。

据说，曾经有一个人不相信铁桦树坚不可摧，便找了世界上最好的匠人，打造了一把最锋利的斧头，但是第一斧砍下去，铁桦树毫发无损，斧头却应声而折。

这个故事自然是有些夸张的成分在里边，但铁桦树的硬度却真的无树能及，被称为最坚硬的树。可能你会认为，一棵树即使再坚硬，也比不过钢铁。然而，事实往往颠覆经

验，铁桦树的树干确实比一般的钢铁还要坚硬，人们甚至把它当作金属使用。

　　说得再形象一点，刀斧砍到它，能迸出火星；钢钉遇到它，寸步难行；就算是人们闻之色变的子弹，也对铁桦树的树干束手无策。

　　不过，铁桦树的生长区域很小，我们是很难见到这些"铮铮硬汉"的。

空气凤梨不需要土壤吗

　　在我们的印象中，植物总要与土壤相伴，才能茁壮生长、开花结果，但是自然界中确实有一种不需要泥土也能存活的植物，给我们带来了出乎意料的惊喜。

空气凤梨是菠萝的近亲，是一种十分奇特的植物，奇特到足以完全颠覆我们以往对植物的认知。它既不需要从土壤中吸收养分，也不需要完全生存在水中，只要偶尔喷喷水，它就能活下来，甚至还能开出鲜艳漂亮的花朵。

那么，空气凤梨是怎么活下来的呢？原来，它依靠吸收空气和水分中对自己有用的物质生存，只要根部没有积水，它就可以黏附在任何地方生长。

很多人看到了空气凤梨的价值，开始进行大规模的种植，而且种植的代价也很低，只要用金属线或鱼线把它挂在家中，偶尔喷水就能养护出造型漂亮、苍翠欲滴的空气凤梨。

另外，空气凤梨的生命力很强，即便根部受到损伤，也能继续生存，甚至折断或弄伤枝干后，它还能继续存活一段时间。

为什么王莲的叶片能载人

　　夏天最惬意的事情，莫过于欣赏满塘的荷花，正所谓"接天莲叶无穷碧，映日荷花别样红"。那么，你见过最大的荷叶有多大呢？

　　世界上有一种叫"王莲"的植物，它的叶子非常大，直径基本上都在2米以上，好像一个大大的平底锅，需要好几个成年人平躺，才能把整个叶面占满。而且，它的载重力也非常好，有人曾把75公斤的沙子铺满整张叶片，也没有看见叶子沉下去。那么，王莲为什么有如此大的承载力呢？

　　从外表来看，王莲的叶子除了较大以外，和其他植物的叶子并没有什么明显的区别。不过，王莲叶子的表面十分光滑，背面却与之相反，在叶子的中间，还长有一个叶柄。王莲叶子承重的秘密就隐藏在这里：粗壮的叶脉排列和铁桥中间的梁架十分相像，其中还存在很多坑窝，与现代工程力学相吻合，足以大大增强叶片的承载力。

　　很多工程师和建筑师都惊叹于王莲的巧妙结构，据说曾经有一个建筑师对王莲进行了仔细的研究后，受益良多，最后完满地完成了一个被誉为"水晶宫殿"的展览厅设计。

枫叶为什么会变红

我们学过一首诗，其中有一句是："停车坐爱枫林晚，霜叶红于二月花。"为什么每到秋天的时候，枫叶就会变成红色呢？传说中，黄帝在大战蚩尤后，鲜血染红了手中的宝剑，这把宝剑最后变成了枫树，所以，枫叶自然是红色的。

这个传说当然不足为信，但真正的原因又是什么呢？

原来，很多植物的叶子中都存在叶绿素，这是它们进行光合作用，生存下去的必要条件，所以，春夏之季，树叶都会显现出绿色。但是，树叶

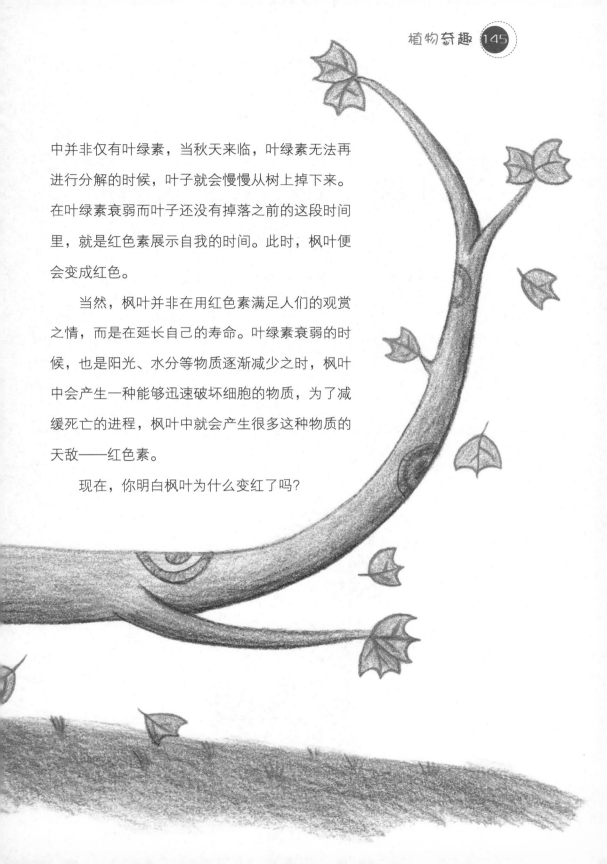

中并非仅有叶绿素，当秋天来临，叶绿素无法再进行分解的时候，叶子就会慢慢从树上掉下来。在叶绿素衰弱而叶子还没有掉落之前的这段时间里，就是红色素展示自我的时间。此时，枫叶便会变成红色。

当然，枫叶并非在用红色素满足人们的观赏之情，而是在延长自己的寿命。叶绿素衰弱的时候，也是阳光、水分等物质逐渐减少之时，枫叶中会产生一种能够迅速破坏细胞的物质，为了减缓死亡的进程，枫叶中就会产生很多这种物质的天敌——红色素。

现在，你明白枫叶为什么变红了吗？

刺桐为什么被称为瑞桐

刺桐的树身非常高大，枝叶也十分繁盛，特别喜欢日光浴，尤其是强光。每年刺桐开花的时候，人们都能看见很多红色的像辣椒一样的花朵，那么，为什么刺桐又被称为瑞桐呢？

很多地方都曾以刺桐开花的茂盛与否来判断收成的多少。具体来说，如果刺桐比往年开花的时间晚，而且生长比较繁茂的话，大家就觉得来年的收成肯定会十分不错。所以刺桐才被人们称为瑞桐，象征着吉祥如意。

　　刺桐以前经常被很多人当成时钟，刺桐每一次的花开都预示着一年的时间已经过去。现在看来，以花为时，实在是一件充满野趣的事情。

　　此外，刺桐还是阿根廷人的国花呢！传说在很久以前，不知道是什么原因，阿根廷经常受到洪水的侵袭。后来，人们发现，只有生长刺桐的地方，才没有水灾。于是，很多人把刺桐当成了神仙，在很多地方栽种，慢慢地，刺桐就成了阿根廷的国花。每年元旦，大家都少不了进行辞旧迎新的活动，阿根廷人就把刺桐的花瓣扔进水中，洗上一个花瓣浴，希望能够在新的一年中得到更多的好运气。

4

反派阴暗的植物

fan pai yin an de zhi wu

箭毒木为什么能够见血封喉

　　西双版纳是一个美丽而又神秘的地方，那里生长着一种据说是世界上毒性最强的树，名叫箭毒木。箭毒木的汁液看起来像牛奶一样洁白，但你若因此放松警惕，可就要遭殃了。这种毒液的毒性非常强，如有人不小心将此液溅进眼里，眼睛会马上失明。因此，当地的居民给它取了另一个名字——见血封喉。

　　当地有这样一个传说：一位傣族猎人如往常一样进入森林中狩猎，意外地撞见了一只大狗熊，为了逃命，他不得已爬上了一棵大树。可是，饥饿的狗熊看着猎物近在眼前，怎会轻易放过？猎人眼看狗熊在自己脚下嘶吼，简直吓傻了，他随手折断身边的树枝扔向狗熊，谁知狗熊竟然倒地身亡！捡回一条命的猎人回到村寨里，向人们讲述了整个经过。人们受到启发，慢慢学会了用它的毒汁掺上别的物质，熬成毒液，来捕获野兽。被毒箭射中的野兽，挣扎几下便死了，但是野兽的肉却不会染上毒性。

　　其实，在遥远的美洲，古印第安人

便已经学会将箭毒木制成武器，用以对抗入侵的敌人。凭借着一枚枚小小的毒箭，印第安人守护着世代居住的土地。

都说"一物降一物"，如此歹毒的箭毒木也有克星。红背竹竿草是一种生长在见血封喉树根部的小草，也是箭毒木的唯一解药。因为模样普通，如今只有少数的老人才能认出来。

榴莲为什么是空姐杀手

　　榴莲是非常著名的热带水果，在众多的原产地中，以泰国的榴莲最为有名。榴莲周身是宝，果肉和果核具有很高的营养价值和药用价值，就连果壳也是很好的滋补品。榴莲壳可与其他化学物合成肥皂，还能用作皮肤

病药材。在泰国当地流传着这样一句话："榴莲出，纱笼脱"，纱笼指的是泰国年轻女子穿的裙子，这句话就是说年轻美丽的姑娘们，宁愿卖掉自己的长裙子，也要买榴莲吃。

一般人对榴莲有两种极端的情感——不是极爱，便是极恨，这是因为它有一种极其怪异的气味。对于这种味道，不了解的人望而却步，喜欢的人欲罢不能。它气味浓烈，爱之者赞其香，厌之者怨其臭。榴莲的气味非常像臭乳酪和洋葱混合的臭气，还有一股松节油的味道。因此，很多旅馆、火车、飞机和公共场所不准带榴莲入内，在东南亚的一些酒店里，甚至公开贴出告示，提醒人们严禁携带榴莲进入。于是，有人戏称榴莲是空姐杀手。

关于榴莲的名字还有一个美丽的小故事：明朝时期，郑和率领船队出海。因为航期过长，船员们忍不住思念家乡。一天，郑和在岸边上发现了一种奇怪的果实，便命手下摘了一些，和大家一起分享。很多船员被这种水果的美味所吸引，一时间竟然冲淡了对家乡的思念之情。有人问郑和这水果叫什么名字，郑和随口答道"流连"，就是流连忘返的意思。后来，人们将它写成了"榴莲"。

大王花是怎样存活的

在东南亚的印度尼西亚，有一座美丽的苏门答腊岛，岛上生长着一种很特别的植物：倾其一生，它们只开一次花，并且只有花，无茎无叶无根。整个花冠的直径能达到1.4米，以红色为主，点缀着星星般的白斑，每个花瓣长约30厘米，重达2.5公斤左右。花心部分就像是一个洗脸盆，能装得下七八公斤的水。这种色彩绚丽、壮观雄浑的植物便是世界上最大的花——大王花。

当然，仅仅只是大的话，并没有什么特别，最不可思议的是它们无茎无叶无根。说到这里，大家一定觉得奇怪了，没有叶子，也没有根茎的大王花是怎样生存的呢？

大王花看起来色彩绚丽，却一点儿都不香，反而散发出一股浓烈而又刺鼻的腐臭味。这股臭味足以吸引一些逐臭的昆虫来为它传递花粉。

它们选择寄居在别的植物身上，用以弥补自身没有根茎叶的不足。

而且，它们传播种子的方式也很特别。大王花的种子有一定的黏性，能轻而易举地粘到路过的动物身上，然后被带到别的地方繁殖。

大王花的花期只有短短的4天时间，4天后，大王花会渐渐枯萎，原先绚丽的血红色逐渐被黑色取代，直到变成一堆黏糊糊的黑东西。只有那

些授过粉的雌花，会在以后的 7 个月内结出一个腐烂的果实。腐烂的花，

结出腐烂的果实，大王花还真是自然界中的一朵奇葩。

巨型魔芋为什么要散发臭味

在很多小说中，作者会用精彩的语言绘声绘色地描述一种早已灭绝千年之久的植物——"尸香魔芋"。相传这种植物的花是魔鬼之花，它们利用自己妖艳的颜色、离奇的清香，制造出很多美轮美奂的幻境，将人们引诱到死亡之城。它们也生长在很多古墓中，因为古人认为它们能保证尸体不腐不烂，并能让尸体散发出芳香。据说，所罗门王的宝藏守护神便是"尸香魔芋"的化身。

"尸香魔芋"原产于后月田国，后来沿着丝绸之路逐渐传入中国。没多久，便因水土不服而逐渐在中土绝迹。但是，它的"后裔"——巨型魔芋现在依然存在。

巨型魔芋的历史可以追溯到恐龙时代，当然，那时候的它还很渺小。经过数千万年的演化，它的外形增长了79倍之多。一般的野生巨型魔芋毕生只开三次花，每次顶多只能开两个晚上。因此，它们必须要在自己短暂的花期内，吸引到足够多的昆虫来到自己身边产卵，以便在幼虫长大后能够帮助它们传递花粉。

我们似乎可以认为散发臭味是它们生存下去的必要手段：它们凭借神奇的味道吸引一些食肉昆虫前来，借以传递花粉。此时，巨型魔芋花序的温度已经接近人体的正常温度了。在高温之下，这种令人作呕的味道会显得更为浓厚，也令一些喜欢食肉的昆虫误以为有动物刚刚死亡，从而趋之若鹜。

看来，巨型魔芋虽然没有遗传到祖先制造幻境的能力，却也具备了一定的欺骗性。

巨型魔芋因其较高的观赏价值而备受人们关注，在国外很多著名的植物园都有栽培，如德国的波恩植物园，在巨型魔芋开花时每天都能吸引上万的游客前往观赏。

草也会隐居吗

　　对于植物而言，阳光雨露是它们赖以为生的食物，如果不是这些食物，植物就会饿死。可是在我国内蒙古的草原上却有这样两种草：肉苁蓉和锁阳，它们与众不同，个性十足。因为，它们抛弃了阳光雨露，选择在地下隐居。

　　我们知道，没有阳光，植物没办法进行光合作用，也就无法生存。那么，这两位隐士是怎样存活的呢？

　　说起它们的生存之道，你大概会觉得很不光彩。有 3 ~ 5 年的时间，它们每天都待在地下，吸取梭梭、白刺等一些植物的营养来满足自己的生长需求。它们美滋滋地过着这种寄生生活，在养尊处优中把自己养得白白胖胖。久而久之，它们的叶片甚至已经退化得像鱼鳞一样，完全丧失了进行光合作用的能力。

　　三五年之后，当它们感觉到自己的生命即将结束时，便会慌慌张张地从肉质茎上长出一个粗壮肥大的花序，然后钻出地面，利用三四天的时间，很快开花结果，不久便悄然死去。数以万计的种子随风飘荡，当遇到合适的寄主时，它们便钻入地下，重复祖辈们不劳而获的隐居生活。

　　其实，它们之所以会选择这种不光彩的生活方式，也完全是被逼无奈。

因为它们大多数生活在荒漠地带，那里常年少雨，气候恶劣，为了活下去，它们只好躲起来。

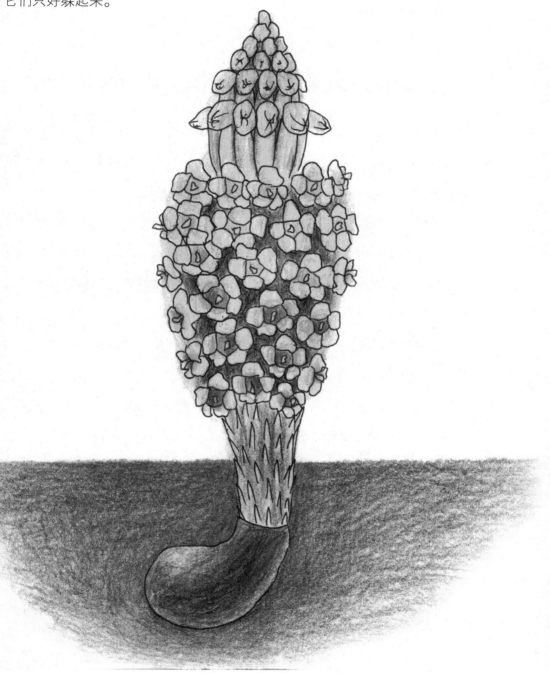

绞杀植物是怎样扼杀大树的

我们已经看惯了动物世界里的弱肉强食，那么，在似乎总是静若处子的植物世界里会不会也存在恃强凌弱的现象呢？答案是肯定的。

热带雨林地区的气温很高，湿度也很大，非常适合热带植物的生长。因此，热带雨林中的植物不仅种类繁多，还长得又高又壮。大家全挤在一起，每种植物的生活空间都十分狭窄，而一些相对低矮的植物想要晒晒日光浴都变得很艰难。

在热带雨林里，争夺土壤和阳光的战争每时每刻都在上演。绞杀植物凭借着独特的手段，总能在竞争中扮演胜利者。

起初，科学家们在巴拿马的热带雨林中发现了一种非常奇怪的现象：一些大树周围的小树和藤类植物总是不明不白地枯死。经过研究发现，这些大树为了给自己争取到更有利的生存条件，在根部生长出巨大的"肿瘤"，这些"肿瘤"的生长速度相当快。随着它们生长速度的不断加快，"肿瘤"体积也逐渐膨胀，直到把那些小树的根系挤出地面。

在我国广东的鼎湖山也能看到类似的绞杀情景：细叶榕的种子一旦寻找到寄主，便马上生根发芽，还以疯狂的速度长出很多根须，将寄主裹个严严实实，直到将它们完全"杀死"。

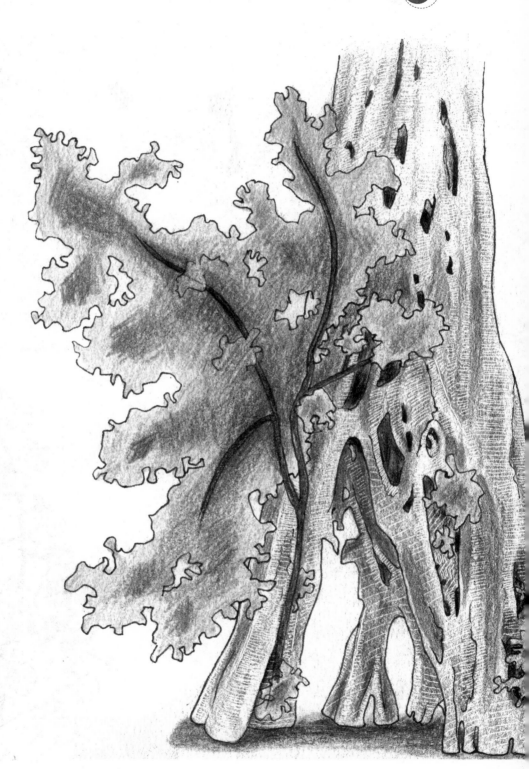

留唇兰是怎样欺骗蜜蜂的

　　大家都知道小蜜蜂吧，这是一种会飞行的群居昆虫。它们非常勤劳，白天穿行在花朵中忙着采蜜，晚上也不停歇地酿蜜，同时还替各种果树完成授粉的任务。那么，大家知道植物中的"蜜蜂"吗？

　　很多人都以为，植物是大自然中的弱者，因为它们不会讲话，不会奔跑，不会跳跃与飞翔，只能任人宰割。然而，它们不会活动，并不代表它们没有自我保护的能力。其实，很多植物都很狡猾，下面我们就来说说留唇兰的诡计吧！

　　留唇兰的花朵形状与颜色看起来与蜜蜂非常相似，一株株留唇兰花迎风招展的样子，看上去像极了威风凛凛的蜂群。蜜蜂有很强的领土观念，当它们看到别的蜜蜂在自己面前耀武扬威的时候，骨子里的好斗天性便会展示出来，从而群起攻之。然而，蜜蜂的举动正合了留唇兰的心意，那些攻击不仅伤害不到留

唇兰，反而帮助它们传授了花粉。

　　还有一种植物，它们的行为与留唇兰如出一辙，这种植物既没有花蜜，更没有香味，但是它们的花朵形状像极了雌性细腰蜂。最让人震惊的是，它们的味道与雌性细腰蜂的气味也非常相似。于是，雄性细腰蜂就会被骗来给它传粉。

　　所以，大自然中的植物也是非常聪明的呀。

眼镜蛇草是怎样吃虫子的

大家见过眼镜蛇吗？这种毒蛇遇到敌人时会直起身子，做出一副跃跃欲试的样子，看上去非常吓人。有一种眼镜蛇草，不光长得非常像眼镜蛇，连性格也跟眼镜蛇一样凶狠，只不过它们捕猎的对象是小昆虫，因此被称作植物界的职业杀手。

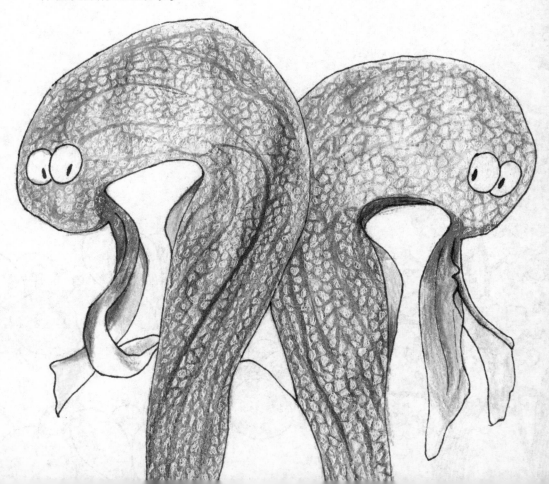

　　眼镜蛇草是非常知名的食虫植物品种，因酷似眼镜蛇而得名，是许多玩家收藏的目标。在捕猎小昆虫的招数上，眼镜蛇草独辟蹊径，让人大跌眼镜。眼镜蛇草长着一个色泽鲜艳的瓶装身体，与数字"2"很像，这个身体就是它们捕捉小虫子的工具。在这个瓶装的捕虫器顶端并没有敞开的瓶口，只有很多块像小天窗一样透明的小洞，其真正的入口在"2"起笔的位置。在这个位置，还有两瓣嘴唇一样的叶片作为掩饰，很像眼镜蛇吐出的芯子。巧妙的是越靠近眼镜蛇草捕虫器入口的位置，蜜汁就会越香甜，为了吃到更香甜的蜜汁，小虫子难免误入瓶内。

　　瓶子的内壁不仅光滑平坦，而且还长满了倒毛，小虫子掉进来之后，再想爬回去已不可能了，只能乖乖地向下滑，最终掉进瓶底。瓶底有大量的液体，能够将小虫子分解成营养物质，供眼镜蛇草吸收。

　　从这一点上讲，眼镜蛇草与《西游记》中金角大王的宝瓶很像，任何被收进宝瓶中的人或者妖怪，都会化为乌有。

女巫草为什么那么猖獗

　　我们印象里的女巫都穿着黑色长袍，握着魔杖，骑着扫把，表情冷峻，时不时地还会怪笑几声，浑身散发着说不出的诡异气质。在自然界，也有一种像女巫一样的草，它神出鬼没，作恶多端，与女巫的风格如出一辙。

　　非洲地区有一种植物叫女巫草，这种草是一种寄生草，由于没有独立的根系，只能吸附在农作物的根上从而窃取所需的水分和养料。女巫草的样子非常普通，还会开出或红、或黄、或紫、或白色的小花，虽然谈不上惊艳，却也十分耐看。但是，如果你被它那纤弱柔美的样子所迷惑，将会后悔不迭。

　　这些貌似娇柔的小草，手段却极其残忍。平时，它们静静地待在地里，如果周围有高粱、玉米等作物发芽生长，女巫草就会附着在它们身上，导致农作物大量减产。农田里只要出现一株女巫草，它们会在很短的时间内，凭借着自己顽强的生命力和繁殖能力，疯狂泛滥，大肆侵略。在被侵略的农田里，几乎每棵庄稼旁边都有一株女巫草。它们像拥有魔法一样，使庄稼发育不良、面黄肌瘦，甚至渴死、饿死。用不了多久，整块田地都将变成女巫草的天下，而庄稼却已经枯黄。绿油油的女巫草和枯黄的庄稼形成鲜明的对比，景象十分凄惨。遇到一些贫瘠的土地，女巫草不仅毫无收敛，反而越发猖狂，直至庄稼颗粒无收。

　　女巫草的身上好像有着摧毁一切庄稼的魔力，它们真的会魔法吗？女巫草当然不会什么魔法。但是，它们是一种非常特殊的半寄生植物，也就是说它们本身有着生长能力，却还是要像狗皮膏药一样缠着农作物，直到农作物耗尽气力，最终死去。

日轮花为什么被称作吃人魔王

　　很多人喜欢在院子里，或者居室内种一些植物，既赏心悦目，又净化空气。可是，如果告诉你有种花很嚣张，它们要吃人，你会相信吗？

　　巴西阿克里州的一位富商在郊外买下一栋别墅作为婚房，别墅的院子里种满了奇花异草。但是，就在结婚后的第二天一大早，富商发现妻子离奇失踪了。他立即起身寻找，结果在后花园发现了昏迷不醒的妻子，只见妻子倒在一簇花丛下，右手的一节手指已经被什么东西啃掉，现场惨不忍睹……

　　这并不是哪部惊悚电影中的场景，而是发生在 2011 年的真实事件。咬掉富商妻子手指的是一种被称为"吃人魔王"的日轮花。

　　日轮花的花朵细小，瑰丽芬芳，相当漂亮，也没有什么伤害性。其形状酷似齿轮，故而得名。但是，它的叶子就不一样了。

　　日轮花的叶子长 0.3 米左右，看上去与普通的叶子无异，实则力量惊人，而且反应极其灵敏。当有人接近日轮花丛的时候，不管触碰到花株的哪个位置，它都会像鹰爪一样，将人紧紧地"咬住"。这时，接收到信号的帮凶——黑蜘蛛，便会从四面八方涌出来，疯狂地对人体发动攻击，直到将人体吞噬干净。

　　那么，日轮花为什么要与黑蜘蛛狼狈为奸呢？原来，黑蜘蛛的粪便能为日轮花提供养料，日轮花在利益的驱使下，心甘情愿成为黑蜘蛛的帮凶。一般情况下，凡是有日轮花的地方，便有黑蜘蛛的身影。当地的南美洲人，对日轮花十分恐惧，每当看到它就要远远避开。

紫茎泽兰为什么被称为杀手

　　放眼望去，郁郁葱葱的绿色尽收眼底，比起满目疮痍的画面不知道要美上多少倍。但是，在我国四川省凉山彝族自治州，那里的农民却为这片绿色伤透了脑筋。

当初，一种长着诱人的叶片，开着蒲公英般可爱小花的植物在当地出现的时候，谁都没在意。但很快，它就用自己的方式回敬了人们对它的怠慢和漠然。它们大肆蔓延，占据了一片又一片的山地，迫使人们绞尽脑汁来对付它。离奇的是，这种令人厌烦的植物居然还有一个美丽的名字——紫茎泽兰。它原产墨西哥，目前还被列入我国首批外来侵入物种，排在第一位。

满山遍野的紫茎泽兰强行挤占了农作物的生长空间后，非但没有给这里的牲畜带去新的口粮，还在制造新的灾难。它有毒，牲口吃过后，会出现脱毛、生病等症状，最后在痛苦中死去。

对于这种牛羊吃不得、生命力又无比顽强的野草，当地农民想尽办法都无济于事。它们的杀伤力之大，让人惊叹不已，也难怪会获得"杀手"的称号。

当然，它们也并非一无是处。云南大理巍山的民间艺人凭借传统的扎染工艺，尝试用紫茎泽兰汁液来渲染黄色布料，不光颜色鲜亮、不易褪色，对人体健康也不会产生危害，而且用它染出的布料有特别的驱除蚊虫功效。

白藤为什么被称作"鬼索"

　　神秘的非洲热带雨林里生长着许多参天大树和奇花异草，但若你只顾醉心于这些罕见的花草，而不去注意脚底下，那可就危险了。因为你很有可能会在不经意间被一种白藤绊倒，摔一个坚实的跟头。

　　这种白藤通常神出鬼没地缠绕在一些看起来非常健康的参天大树身上，它们的茎秆很细，它们的叶子像一束羽毛一样长在藤条顶部，叶面上还长满了尖刺。

　　整条白藤好像一根带刺的长鞭，在风中自由自在地舞蹈，但是当它们触碰到大树，就会紧紧地攀住树干，并很快长出一束又一束新叶。

　　接着，藤条会顺着树干一直向上爬，与此同时，藤条下部的叶子也慢慢地开始脱落。如果你以为藤条爬到树干顶部便会停止，那就太小瞧它们的野心与疯狂了。即便是爬到树梢，它们依然不依不饶，像患了偏执狂的怪物一样一个劲儿地长。

　　可是，已经没有什么可以让它们继续攀援了。于是，它那越来越长的茎就转而向下，把树干当作支柱，在大树周围缠绕成无数怪圈。它们悄无声息、鬼鬼祟祟的样子，让人们对它没有任何好感，于是，人们给它们取名"鬼索"。

　　一般情况下，白藤可以长到 300 米，世界上最长的白藤竟然长达 400 米，陆地上再也找不出比它们更疯狂的植物了。如果你想要亲自看一眼这种白藤，也不用真的跑到非洲，在我国的海南岛也有这种植物。

狸藻是怎样布设陷阱的

　　狸藻虽然是植物，但它以水为生，终生都在水中度过。它们的根茎非常细弱，全身的叶片乱七八糟缠绕在一起，就像凌乱的长头发。到了夏季，它们的茎上会长出一根梗，梗上会开出像蝴蝶一样的黄紫色小花朵。这种看上去纤弱的植物，却是水里有名的"虫子杀手"，在它们并不大的叶片上藏着许多小口袋，这些口袋是它们用来抓虫子的工具，也是它们处心积虑布设的陷阱。

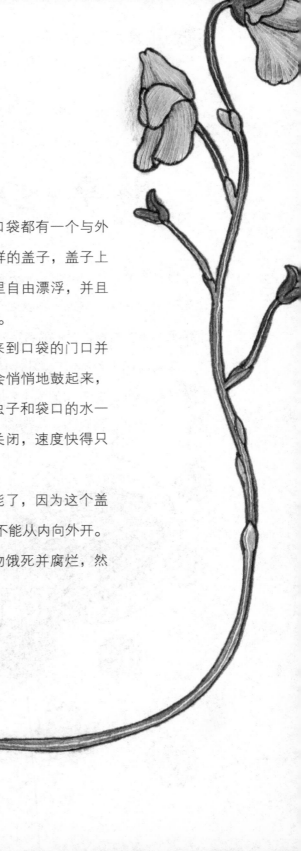

　　这些小口袋的造型非常特别，每个口袋都有一个与外界相通的出口，出口处还有一个像门一样的盖子，盖子上长着 4 根有触觉的毛发。这些触毛在水里自由漂浮，并且散发出诱人的甜香，以此吸引小虫子前来。

　　当不明就里的小虫子被甜味吸引，来到口袋的门口并触碰到感应触毛之后，原本干瘪的口袋会悄悄地鼓起来，形成一股不小的吸力，这股力量足以将虫子和袋口的水一起吸进口袋内，随后，口袋的盖子迅速关闭，速度快得只需要百分之一秒。

　　猎物一旦掉进去，就再无逃生的可能了，因为这个盖子的设计很特殊：它只能从外向内开，而不能从内向外开。不能分泌消化液的狸藻，只好等那些猎物饿死并腐烂，然后再慢慢地吸收。

豚草是怎样让人们生病的

盛夏季节，炎热无比，夜幕降临之后，草地、河畔便成为了人们纳凉休闲的首选场地。然而，在这看似安全的地方却生长着一种非常容易给人们带来伤害的植物，它们的名字叫作豚草。

豚草看起来并不起眼，与别的小草没有太大区别，但它们却有着非常顽强的生命力，对于它们的生长特点，我们完全可以用见缝插针来形容，而且它们的性格很霸道，一般的一年生植物都不是它们的对手，堪称植物

杀手，得以独霸一方。

豚草不仅极大地破坏了植物的多样性，还造成田野里颗粒无收的惨状，就连人们喜欢吃的野菜也因为它们的入侵而消失得无影无踪。

一开始，这种恶毒的植物并没有在中国出现，它们的老家在遥远的北美洲。然而，在抗日战争时期，豚草的种子随着日军的马饲料被带入亚洲大陆。在传入中国后不久，它的身影就迅速蔓延至很多地方。

除了生命力与繁殖力很强之外，它们最大的危害是依靠自己的花粉给人们带来各种过敏反应。每年夏季是豚草传播花粉的时期，此时，抵抗力不强的人们一旦吸入含有豚草花粉的空气，便会产生咳嗽、鼻塞、胸闷、打喷嚏、失眠、哮喘等症状，严重的人甚至不能平卧，不能呼吸，引发很多并发症，最终导致死亡。

为什么肉豆蔻能让人产生幻觉

　　肉豆蔻是一种十分常见的中药，在很多药店都能找到，它有着很好的止痛功效。除此之外，一些厨师还会把它当成调味品来使用。它可以添加在甜点中，也可以添加在咖啡、汤、咖喱，甚至酒里，是一种古老的调味品。

　　非洲的一些原住民在外出的时候很喜欢随身携带这种东西，每当他们觉得心情不快或者患有疾病的时候，便会吃上一些，很快他们就能忘记自己身上的痛苦而安然入梦。适量的肉豆蔻可以做药材，可以做调味品，但是过量使用就会变得非常危险，大量的肉豆蔻会使人产生幻觉，伤及神经，

甚至全身颤抖而亡。一些红酒中甚至也会添加适量的肉豆蔻，所以饮酒后会产生飘飘欲仙的感觉。

　　大自然中还有很多能使人产生幻觉的植物，原产于墨西哥和美国南部的乌羽玉也有类似功效。乌羽玉是仙人掌的一种，本身没有刺。在当地印第安人的眼中，这种植物有着神奇的魔力，被奉为"魔球"。

　　原来，人们在食用乌羽玉之后会产生幻觉，见到一些平常难以见到的、光怪陆离的景象。印第安人对幻觉中出现的奇迹深信不疑，久而久之，他们对这个小东西越发崇拜。

吃苍耳真的会中毒吗

  你有没有玩过一种花生米大小、浑身长满了硬刺的小球球？调皮的同学躲在暗处偷偷发射，把它粘到其他同学的头发上、衣服上，有时候甚至连老师都不放过。这个小东西其实是苍耳的果实。它们秋天的时候会慢慢变黄，身体上的小刺也会变得越来越硬。若不小心扎破手指，会又痛又痒。

  苍耳全身都有毒性，尤其是幼芽和果实。这种毒能够作用于神经和肌肉，至今人们对它的毒性机理并没有完全搞明白，只知道种仁和子叶中的毒素会引发人们的内脏出血。苍耳中毒有一定的潜伏期，一般情况下，患者都是在两三天后才发现中毒。在已知的中毒人群中，有很大一部分都是因为误食了苍耳的幼苗。

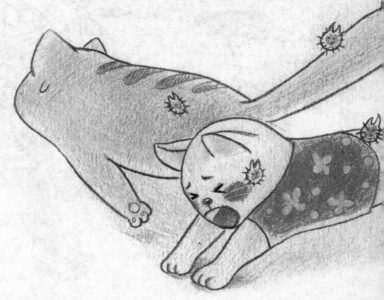

　　苍耳之所以能牢牢粘住触碰它的人，是因为它有一种非常特别的孕育手段。苍耳的种子太大，不能像蒲公英那样靠风力来传播。苍耳本身有毒，所以它也不能像野葡萄那样，被动物吃进肚子里，再排出种子，从而达成传播目的。可是，植物也是很聪明的，它在果实上长满了倒刺，每当有活泼的小兔子、小狐狸等小动物，或者人类经过时，苍耳便会抓住机会，坐一坐顺风车，寻找合适的机会发芽、生长……

马兜铃会设"牢笼"吗

马兜铃喜欢生长在路边的草丛里或者山间的小树林中，因其果实好像挂在马脖子下面的铃铛，故而得名。那么，马兜铃的"牢笼"又是什么呢？

原来，马兜铃的花很像乐队里的大喇叭，当然，这个喇叭吹不响，它只是马兜铃的花被筒。花朵的最下部是一个圆球形的空间，在这个空间的最底部还有一个突起物，而这个突起物的最上面就是雌蕊的柱头。

每年夏天，马兜铃开花时，都会释放出一种腐臭的气味，这种臭味对小蝇类的昆虫有着致命的诱惑。于是，它们会进入到喇叭一样的花被筒里。可是，花被筒里长着很多倒向的毛，小虫子一旦钻进去，就很难再出来，它们就这样陷进了马兜铃花专门设置的"牢笼"里。

马兜铃开花的当天，雌蕊便成熟了，到了第二天早上，雄蕊也会成熟。不久，成熟的花粉便从花蕊中散出，粘在小虫子的身体上，这时，"牢笼"内的倒毛就会变软，萎缩下去，道路又畅通了，小虫子就从"牢笼"里逃出来了。

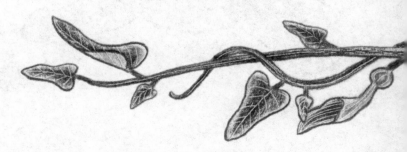

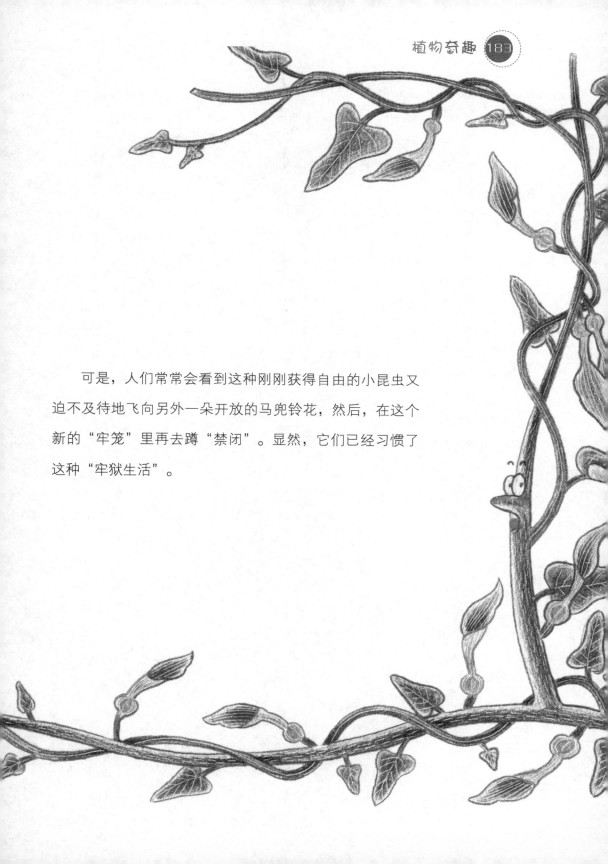

　　可是，人们常常会看到这种刚刚获得自由的小昆虫又
迫不及待地飞向另外一朵开放的马兜铃花，然后，在这个
新的"牢笼"里再去蹲"禁闭"。显然，它们已经习惯了
这种"牢狱生活"。